走进

Exploring
Embodied
Intelligence

具身智能

陈 光———著

U0264902

人民邮电出版社

北 京

图书在版编目（CIP）数据

走进具身智能 / 陈光著 . -- 北京 ： 人民邮电出版
社，2025. --（图灵原创）. -- ISBN 978-7-115-65941
-5

Ⅰ. TP18

中国国家版本馆 CIP 数据核字第 2024ST8083 号

内 容 提 要

　　智能，源于感知、认知与行动的交融。具身智能，正是基于这一理念，让机器摆脱抽象算法的桎梏，去触碰真实的世界。在本书中，你将看到机器如何通过视觉、听觉、触觉去解读环境，如何从模仿到创新，逐渐成长。从机器人学到脑科学，从意识探索到人机融合，作者以通俗生动的笔触，带你领略这一前沿跨学科领域的魅力。无论你是 AI 研究者、机器人技术从业者，还是对科技创新充满好奇的读者，本书都能为你呈现一幅充满想象力的未来图景。跟随作者的思考，拥抱具身智能，让我们共同探寻人机共生的无限可能。

◆ 著　　　　　陈　光

　　责任编辑　　武芮欣

　　责任印制　　胡　南

◆ 人民邮电出版社出版发行　　北京市丰台区成寿寺路11号

　　邮编　100164　　电子邮件　315@ptpress.com.cn

　　网址　https://www.ptpress.com.cn

　　涿州市京南印刷厂印刷

◆ 开本：720×960　1/16

　　印张：13.75　　　　　　　　　2025 年 2 月第 1 版

　　字数：187 千字　　　　　　　2025 年 2 月河北第 1 次印刷

定价：79.80 元

读者服务热线：(010)84084456-6009　印装质量热线：(010)81055316

反盗版热线：(010)81055315

广告经营许可证：京东市监广登字 20170147 号

导言

你知道钢铁侠吗？对，就是那位无敌的钢铁战神，浑身散发着智慧与科技魅力的托尼·斯塔克，如图 0-1 所示。他那身几乎无所不能的战甲精密非凡，蕴含着无限创造力。身着这副神奇战甲，托尼无疑成为现代科技英雄的化身，令人敬畏又憧憬不已。

图 0-1

托尼的钢铁战甲堪称科技与艺术融合的杰作。先进非凡的感知系统，赋予了这副钢铁战甲视觉、听觉和触觉。通过 AR（Augmented Reality，增强现实）投影，战场信息就会以影像形式呈现在托尼眼前，让他对环境信息了然于心。

而真正让这副战甲熠熠生辉的，是其内在的"大脑"——智能助手贾维斯。它时刻"驰骋"在海量数据之中，通过对感知到的数据进行运算和分析，为托尼及时提供精妙绝伦的战略决策。每一次完美的战略配合，无不彰显着这副战甲在自主决策和运动控制等方面的非凡能耐，而贾维斯也在一次次实践中不断"成长与进化"。

最令人赞叹的，莫过于战甲、贾维斯和托尼的完美配合。仅凭意念，托尼便可与贾维斯协同工作，操控战甲。这正体现了本书的主角——具身智能——所追求的终极目标：创造出能与人类完美配合、极大延展人类能力的智能装备。

到底什么是具身智能呢？它是人工智能的一个发展领域，强调智能行为源于"身体"与环境之间的交互，而不仅仅依赖大脑的运算。这其实很好理解，就像我们人类要想认识世界，光靠大脑思考是不够的，还得用眼睛去看、用耳朵去听、用手去触摸，通过与外部环境的互动来获取信息，从而产生智能行为。钢铁侠的战甲如果只有贾维斯这个"大脑"，不与外界进行交互，也就失去了摧枯拉朽、所向披靡的能力。

早期的人工智能主要基于符号主义，认为知识可以用符号来表示，智能就是对符号的运算。这种方法在一些特定领域取得过成功（比如国际象棋），但在处理一些日常问题时总会"捉襟见肘"。这是因为现实世界充满了不确定性，很多知识难以用符号准确表示。

20 世纪 80 年代，一些学者开始反思符号主义的局限，提出了连接主义。他们认为，人类的智能源自大脑中神经元的连接，而不是抽象的符号运算。这促进了人工神经网络和深度学习的发展。但是，连接主义仍然把智能视为大脑的产物，忽视了身体在智能中的重要作用。

进入 21 世纪后，随着认知科学的发展，越来越多的证据表明，人类的智能是大脑、身体和环境相互作用的结果，具有鲜明的身体性。这就是具身智能的核心思想。儿童心理学家皮亚杰通过大量实验发现，婴儿是通过手抓、眼看、口尝等感知运动来认识世界的。语言学家莱考夫指出，我们对很多抽象概念的理解借助了身体隐喻，比如"理解是抓住（grasp）""高兴是向上（up）"。由此可见，我们的思维方式深深植根于身体经验。

受此启发，人工智能学者们开始探索具身智能的实现路径，其中一些学者设计了拟人化的机器人，让它们像人一样用手操纵物体，用眼去感知环境，通过不断尝试来学习各类技能。

谈到这里，你可能会想，具身智能和我们所熟悉的机器人有什么区别呢？具身智能强调智能行为依赖于身体和环境的互动，具有鲜明的身体性和情境性，而机器人大多采用模块化设计，它们更多地强调计算而非互动。

随着具身智能的兴起，越来越多的学者开始探索新型机器人。未来，当具身智能机器人成为生活中不可或缺的一部分时，我们将进入一个人机和谐共生的新时代。届时，机器人不再是冷冰冰的工具，而是善解人意的好帮手、好伙伴。它们或许会和主人一起下棋、聊天，或许会和孩子一起堆沙堡、荡秋千，用自己的方式融入人类家庭。

而在更广阔的层面，具身智能将推动人工智能从单一的工具智能，向更全面、更通用的智能跃迁，让机器人在认知、情感、社会性等方面更贴近人类，由此开启人机文明交相辉映的新篇章。

CONTENTS
目录

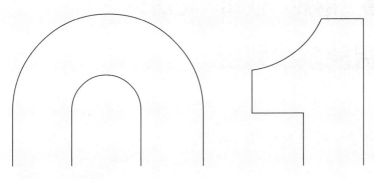

第一篇

具身智能的理论基础

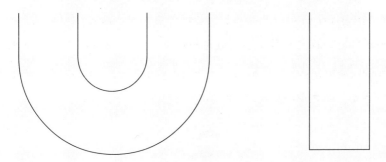

智慧的种子深植于理论的土壤，
破土而出，具身而生。

第1章 感知、认知、行动：具身智能系统解析

> 每一个感知的细节，都预示着行动的诞生。

通过导言部分的介绍，相信大家已经对具身智能有了一些了解。具身智能系统是一种全新的人工智能范式，它强调智能应该建立在身体和环境的交互之上，而不仅仅依赖抽象的计算和符号。在这个系统中，感知、认知、行动就像一个紧密的闭环，信息在其中不断流通和转换，形成"感知－行动"循环，如图 1-1 所示。感知为认知提供输入，认知做出决策指导行动，行动又通过改变环境影响感知，如此循环往复，不断学习、进化。

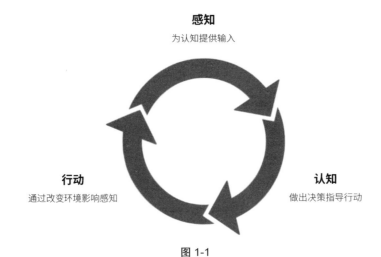

感知
为认知提供输入

行动
通过改变环境影响感知

认知
做出决策指导行动

图 1-1

　　这样的学习方式是由数据驱动的。通过感知海量数据，系统可以直接学习从感知到行动的映射，无须人工设计复杂的中间表示和推理规则，这大大简化了系统设计，提高了学习效率。

　　当然，在不同的应用场景中，具身智能系统的技术架构也会有所不同。比如，落地到自动驾驶场景，系统会侧重于感知和决策；落地到工业机器人场景，系统会侧重于运动控制和操作；落地到服务机器人场景，系统则需要侧重于人机交互。但无论如何，感知、认知、行动的紧密耦合，始终是具身智能的核心特征。

　　感知是具身智能系统认识世界的起点。就像人有眼、耳、鼻、舌等感官，具身智能系统也需要各种传感器来获取环境信息。这些传感器像一个"数字化的感官网络"，将物理世界与数字世界连接在一起。

　　在视觉感知方面，计算机视觉技术扮演着重要角色。通过图像处理、目标检测、语义分割等算法，系统可以从图像或视频中提取丰富的语义信息，如物体的类别、位置等。近年来，事件相机作为一种全新的视觉传感器，受到越来越多的关注。与传统相机不同，它不是以固定频率采集图像的，而是在像素亮度变化时发出事件信号，这种工作方式具有高动态范围、低延迟、低功耗等独特优势。一些研究者还尝试开发类人视觉系统，通过模拟注意力机制、主动视觉等，让机器能够像人一样，有选择性地关注画面中的重点区域。

　　在听觉感知方面，语音识别技术发挥着关键作用。通过结合声学模型和语言模型，系统可以将语音信号转化为文本。比较关键的有声纹识别技术和声源定位技术等，其中前者可以根据语音特征识别说话人的身份，后者可以通过多麦克风阵列捕捉声音的空间方位信息。计算听觉场景分析也是一个重要方向，它试图让机器像人一样，理解复杂声学场景中的各种声音事件，比如分离说话人的声音，为环境噪声分类等。

　　触觉感知是具身智能系统与外界交互时不可或缺的一环。常见的触觉传感器有电容式、压阻式、压电式等，它们让机器可以像人一样，感受物体的形状、硬度、纹理等属性。目前，触觉信号处理算法已经能够实现对触觉事件的检测和识别，如接触、滑移等。一些研究者还提出了主动触觉的概念，即通过对探索策略的优化，让机器能够主动调整接触方式，获取更多的触觉信息。

当然，现实世界的信息往往是多通道、多模态的，单一的感官难以应对复杂环境的挑战。因此，多模态感知融合成为具身智能的重要课题，其中，数据层融合是最直接的方法之一，即通过时空对齐、特征拼接等技术，将不同传感器的数据整合在一起。此外还有特征层融合和决策层融合，感兴趣的读者可以继续探索。

如果说感知是具身智能的"五官"，那么认知就是其"大脑"。认知系统的任务就是对感知到的信息进行分析、提炼、整合，形成对世界的理解。这个过程涉及场景理解、任务规划和运动规划。最后，决策系统据此做出行动决策。

场景理解是认知的基础，主要回答"我在哪儿，周围有什么"这样的问题。你可能听过 SLAM，它就是场景理解中最重要的技术之一，全称是Simultaneous Localization and Mapping，可以让机器在未知环境中构建地图并确定自身位置。配合深度学习技术，系统就可以通过感知数据重建三维场景模型。如果在此基础上进行语义建模，从场景中抽取各种物体及其属性和关系，就能形成一张语义地图，再基于常识、因果逻辑等进行训练，就能对场景进行情景推理，预测各种物体可能的功能、属性和交互方式。

有了场景理解，系统就可以开始规划如何执行任务了。这既包括抽象的任务规划，又包括具体的运动规划。任务规划就是将一个复杂的高层任务分解为一系列容易执行的子任务，这个过程可以通过 PDDL（Planning Domain Definition Language，规划域定义语言）描述的自动规划算法来实现。使用PDDL 描述就像提供一份通用的计划书，任何懂这种语言的执行者都能理解目标和执行方案。当然，我们也可以采用层次化的方法将任务逐层分解。此外，如果任务需要多个系统协同完成，还需要制订集中式或分布式的协同规划策略。

运动规划很好理解，就是规划出最优的运动轨迹以执行具体的动作。但具体涉及的技术比较复杂，比如采样搜索、势场法等用于搜索最优运动轨迹的方法，对于连续轨迹的生成，还会用到多项式插值、贝塞尔曲线等，就不在此展开了。

决策系统会根据当前的状态信息，选择最优的行动策略。传统方法有基于规则的专家系统、决策树等，这些方法的优点是逻辑清晰、易于解释，缺点是难以应对复杂的动态环境。近年来，基于优化的决策方法受到越来越多的关注，如将决策问题建模为马尔可夫决策过程（Markov Decision Process，MDP）、部分可观测 MDP 等，然后通过动态规划、强化学习求解最优决策。深度强化学习、逆强化学习等新兴方法也进一步提高了决策的性能和泛化能力。

行动是具身智能系统的最终"归宿"，如果感知和认知不能付诸实践，也就失去了意义。行动的基础在于运动控制，主要涉及机器人学的诸多基本问题，如正逆运动学、动力学建模、控制算法设计等。传统的控制方法（如 PID 控制）在固定场合能提供稳定可靠的性能，但面对复杂的非结构化环境时，这些方法往往难以适用。于是，一些智能控制方法应运而生，如模糊控制、神经网络控制等。此外，行动还涉及操作和移动，比如怎样根据物体的几何特征、拓扑特性确定稳定的抓取姿态，怎样在没有地图的情况下到达目的地等，这些内容将在后面介绍机器人相关内容时展开。

本章的最后，我们来聊聊具身智能系统的一大挑战：不确定性。

其实，从感知到认知再到行动，每一个环节都面临着不确定性和风险。需要通过各种传感器和算法，实现主动安全保护，如碰撞检测、故障诊断等。一旦发现危险，系统要能够及时采取紧急制动、规划新路径等应对措施。一些研究表明，机器学习模型很容易受到对抗样本的欺骗，产生错误的判断，遮挡、涂鸦等也可能误导系统的认知。因此，需要在算法层面加强对抗训练，提高系统的对抗稳健性。同时需要在系统层面构建完善的安全防御体系，及时发现和阻断各种恶意入侵。此外，现实世界的环境是开放的、动态变化的，很难用确定的模型来刻画。我们需要采用概率图模型、贝叶斯深度学习等技术，对不确定性进行建模和推理。通过持续的学习和适应，系统可以不断修正自身的认知和决策模型。

未来，具身智能系统将向着更加智能、通用的方向发展，我们期待具身智能系统具备更高层、更抽象的认知能力，不仅能够感知和理解当前的场景，还能够对事物的本质属性进行概念抽象和类比推理。通过不断学习和积累，具身智能系统将建立起宏大的知识图谱，能够像人一样，运用常识和逻辑进行分析和决策。

第2章 智行合一、知行合一：
具身智能的"身心一体"之道

> 从虚拟走向现实，从感知走向行动。

你是否有过这样的疑问，为什么聪明的人工智能系统常常在面对现实世界的简单任务时束手无策？为什么机器人有时需要经过漫长的训练才能掌握简单的动作？

传统的人工智能大多遵循"身心二分"的思路。它将认知和行为视为两个独立的模块：认知模块负责感知、推理、决策等脑力活动；行为模块负责规划、控制、执行等体力活动。两个模块之间往往是串行的，进行单向的信息传递。认知模块将指令传递给行为模块去执行。这种处理方式在面对复杂多变的现实世界时，往往显得不够灵活。

具身智能提出了一种全新的思路，它认为认知和行为是紧密交织、相互塑造的。正如我们的思维方式深深根植于我们的身体经验，我们的行为方式也深深影响着我们的认知过程。具身智能要跨越认知与行为之间的鸿沟，实现二者的动态交互与深度融合，让具身智能系统像人一样，做到"眼到、心到、手到"的协调一致。这种"身心一体"的智能观其实并非新鲜事物，它与哲学领域的心身一元论遥相呼应。心身一元论认为，心智和身体不是两个独立的实体，而是同一事物的不同属性或表现形式。

人类对世界的认识是从感知运动经验开始的。婴儿通过触摸、抓握、爬行等动作来探索世界，在这个过程中逐步建立起对物体的认知。而成年人在理解抽象概念时，也常常借助具体的身体经验。比如，当我们说"一个温暖的拥抱"时，将温度的触觉经验隐喻到情感领域。由此可见，我们的身体经验是我们理解世界的基础。

我们的思维过程也受到身体状态的调控。不同的姿势、动作会带来不同的认知体验。比如，当我们坐着时，会倾向于做出谨慎、保守的判断；而当我们站立或行走时，则会倾向于做出开放、创新的决策。这就是情境认知的效应。我们的身体状态会影响我们的心智的塑造。

与此同时，我们的心智也时刻影响着我们的行为。这主要通过运动想象来实现。运动想象是指在大脑中模拟动作的过程，而不实际执行它。当我们想象一个动作时，大脑会激活与实际执行该动作类似的脑区和神经回路。这些激活的模式会形成运动表征，它像行为蓝图一样，指导我们的实际动作。许多运动员之所以能在比赛中出色发挥，可能就是因为他们在赛前反复在大脑中演练了比赛的场景。

我们还有一种神奇的系统，它叫作镜像神经元系统。当我们观察别人做一个动作时，我们的大脑中负责执行这个动作的神经元，也会跟着兴奋起来。这就像在我们的大脑中有一面镜子，映射出他人的动作。这种映射让我们能够设身处地地理解他人的动作意图，快速学习新的技能，这也是我们产生共情和同理心的基础。

此外，我们的大脑还像一台预测机，不断地预测外界的输入，并将预测与实际输入进行比较。这就是预测编码理论的核心思想。我们的大脑并不是被动地接受感官信息的，而是主动地预测感官信息。这种预测建立在我们的经验和知识之上，从而形成生成模型。当实际输入与预测不符时，就会产生预测误差信号。大脑会利用这个误差信号，动态地调整内部的生成模型，以使其更好地适应环境。这种"预测－校正"的循环，使我们的认知模型能够与时俱进，不断进化。

可见，我们人类是在实践中认识世界，又在认识中改造世界的。具身智能的目标之一，就是让机器人像人一样，灵活、高效、稳健地行动。

首先，机器人需要时刻感知自己身体的状态。这种感知称为本体感。本体感让机器人知道自己身体各部位某时刻所处的位置和状态，它是协调动作的基础。例如，我们走路时，一般不需要低头看自己的脚，因为我们的本体感会告诉我们，脚此刻迈到哪里。

其次，视觉与运动要实现实时的协调。这种协调称为视觉伺服。视觉伺服让机器人能够利用视觉信息，实时引导和控制自己的运动。比如，当机器人想要抓一个球时，它会不断用视觉追踪球的位置，并据此实时调整自己手臂的运动，直到最终准确地抓到球。这种手、眼协调是人类的本能，但对于机器人而言，这是需要大量训练才能掌握的技能。

再次，触觉感知在行动控制中也扮演着重要角色。我们用手抓东西时，手指上的触觉信号会实时反馈物体的形状、重量（本书中的重量均指物理学中质量的概念）、质地等信息，引导我们及时调整抓的力度和策略。这种触觉反馈对机器人的精细操作同样至关重要。力传感器就像赋予了机器人触觉的仿生电子皮肤，让它能够更稳定、更灵活地执行任务。

在行动规划方面，具身智能也提供了新的思路。传统的运动规划往往指先在大脑中生成整个行动方案，再一步步执行。但对于具身智能来说，很多复杂的行为其实可以分解为一些基本的动作单元，这称为运动基元。这些运动基元可以灵活组合，形成序列，以满足不同的任务需求。这就像我们说话时，将语音、单词等基本语言单位，按照一定的语法规则组合成句子。这种模块化的行动组织方式，大大提高了运动规划的效率和灵活性。

当然，组合运动基元并不是总能达到最佳效果。很多时候，我们还需要对行动方案进行优化，使其在能量消耗、时间开销等方面达到最优。这种优化可以借鉴运筹学中的优化理论，但更要考虑行为的动态约束和执行效果。这就像我们打高尔夫球时，挥杆的动作看似简单，但其实需要我们在力度、角度、时机等多个维度进行优化，才能避免高尔夫球偏离或落空。

最后，行动智能的提升还有赖于不断地运动学习。具身智能提倡"知行合一"的学习方式，强调在实践中学习，在学习中实践。模仿学习就是一个很好的例子。通过观察他人的示范动作，机器人可以快速掌握新的行为技能。这种学习方式与人类的学习方式非常相似。我们学骑自行车、学打球，不就是从模仿开始的吗？

当然，单纯的模仿还不够，我们还需要在实践中不断试错，找到最佳的行动策略。这就需要用到强化学习。强化学习指通过反复尝试，对不同行动的效果进行评估，并据此调整行为策略，最终收敛到最优解。这种探索式的学习让机器人能够在真实世界中不断磨炼和提升自己的行动能力。

除了从头学起外，机器人还可以利用迁移学习，将已有的运动技能应用到新的任务中。这就像我们学会了骑自行车后，再学骑摩托车就会容易得多。通过提取不同任务之间的共性，机器人可以复用已有的运动模型，在新领域实现"零样本学习"（让机器像人一样举一反三，从见过的东西中学习，识别没见过的东西）或"少样本学习"（让机器像人一样触类旁通，仅用少量样本就能快速学习新技能），极大地提高了学习效率。

思维与行动在具身智能中并非独立运作的，而是密切协同、相辅相成的。这种协同体现在"感知-行动"循环、推理与规划、语言与动作、情感与行为等多个方面。

"感知-行动"循环是思维与行动协同的基本形式。在这个循环中，感知为行为提供信息输入，行为则通过改变环境进一步影响感知。比如，当我们想要抓取一个杯子时，视觉会引导我们的手去接近杯子，而手的运动反过来也会改变我们对杯子的视觉感知。通过这种循环，感知和行为相互校准、动态平衡，共同完成任务目标。这就像两个默契的舞者，你进我退，相互呼应。

推理与规划看似是高度抽象的脑力活动，在具身智能的视角下，其实也和我们对运动的感知与体验息息相关。我们在推理时，常常借助运动表征来进行模拟。比如，我们在大脑中模拟国际象棋的走子，实际上是在进行一种"心智演练"，利用内部的运动模型来预演可能的走法及其结果。类似地，很多看似抽象的规划问题，如魔方还原、图的遍历等，也可以转化为运动规划问题求解。这启示我们，抽象思维与具体行动，或许并没有我们想象的那么遥远。

语言与动作看似属于完全不同的领域，但对于具身智能来说，两者的关系非常紧密。我们在理解语言指令时，往往会自动将其映射为一系列动作序列。比如，当听到"请把杯子放到桌上"时，我们的大脑会自动模拟出拿起杯子、移动手臂、放下杯子等一系列动作。反过来，我们也经常用语言来描述和规划我们的动作意图。这种语言与动作的相互映射，在人类的进化过程中起到了重要作用，推动了语言和动作能力的共同发展。

情感与行为更是密不可分。我们在做决策时，并不总是冷静理性的，很多时候会受到情绪的影响。比如，我们在愤怒时，往往会做出更加冲动、激进的行为选择。反过来，我们的行为结果，也会影响我们的情绪状态。一个失败的行动，可能让我们沮丧；而一个成功的行动，则可能让我们兴奋。有时，我们还可以主动用行为来调节自己的情绪，比如通过运动释放压力，通过冥想放松心情。情感与行为构成了反馈循环，共同塑造我们的心智状态。

具身智能的智行合一、知行合一并非一蹴而就的，而是一次充满挑战与机遇的探索之旅。它要求我们打破传统思维的桎梏，从"身心一体"的角度重新审视具身智能的本质。在这个过程中，认知科学、神经科学、机器人学等多个学科将深度交叉融合，催生出新的理论、新的方法、新的应用。相信在不久的将来，具身智能将引领人工智能的下一波浪潮，为我们创造更加智能化、人性化的世界。

第 3 章　智能体：
具身智能的化身

> 非凡之智，源于平凡之身。

在前文中，我们已经了解到具身智能的核心要义是"智行合一"，强调智能需要与物理世界进行交互，在行动中学习和进化。那么，这种全新的智能形态究竟是如何在智能体身上体现的呢？或者说，具身智能是如何赋予机器聪明的大脑和灵活的身体，让它能够像人类一样感知、认知和行动的呢？

智能体是具身智能的核心概念和研究对象。与传统人工智能中抽象的、脱离现实的"智能"不同，具身智能强调智能来自主体与环境的实时交互，而这种交互正是通过智能体的"身体"实现的。可以说，没有"身体"，就没有具身智能；而"身体"的载体，正是智能体。

那么，什么是智能体呢？一般而言，智能体是指能够感知环境、自主行动的实体。它有自己的感知系统，如视觉、触觉等，可以获取外界信息；它也有自己的决策系统，可以根据感知信息和自身目标做出规划；它还有执行系统，可以付诸行动，影响环境。这样，智能体就形成了一个完整的"感知－决策－行动"循环，能够与环境进行实时的交互。

智能体的一个关键特性是自主性。与工业机器人等自动化系统不同，智能体并非按照预先设定的程序机械地运行，而是根据环境的变化自主地调整行为。这种自主性是智能体适应复杂动态环境的基础。

除了自主性外，智能体还有一些其他重要特性。

社会性。智能体并非独立的个体，而是生活在一个多智能体的系统中。它们需要与其他智能体进行交互，协调行动，完成共同的任务；或竞争有限的资源，占据更有利的生存空间。这就像我们人类生活在社会中一样，既有合作，也有竞争。理解和设计智能体的社会行为，是具身智能的一个重要课题。

反应性。它强调智能体对环境变化的实时响应能力。在动态的环境中，智能体必须能够快速地感知变化，并及时做出反应。这种反应可能是简单的条件反射，如触碰到障碍物就立即后退；也可能是复杂的策略调整，如根据对手的行为改变自己的博弈策略。反应的速度和质量，直接决定了智能体是否能生存。

主动性。它强调智能体的目标导向和探索精神。智能体并不满足于被动地适应环境，而是有内在的动机主动地探索未知的世界，寻找新的可能性，创造新的价值。这种主动性是智能体进化和发展的源动力。就像婴儿对世界充满好奇，不断尝试新的行为；又如科学家不断探索未知的领域，挑战已有的理论。主动性让智能体成为不断进步的学习者和创造者。

连续性。它反映智能体的长期性和持续性。智能体并非一次性地完成某个任务就终止，而是需要在长期的交互中不断积累经验，学习和优化策略。这个过程可能跨越很长的时间，经历很多的环境变化。因此，智能体必须具备持续学习和适应的能力，在漫长的"生命历程"中不断进化。这也意味着，评估智能体的性能，不能只看一时一事，而要看其在长期交互中的累积效果。

根据承载智能体的物理实体形式，我们可以将智能体分为以下几个类型。

物理智能体。它是指以机器人、无人车、无人机等实体机器为载体的智能体。它有切实的物理形态，可以在现实世界中感知、运动和操控。物理智能体既可以是类人的人形机器人，也可以是各种不同形态的专用机器人，如工业机械臂、仓储搬运车、探测巡逻无人机等。它往往要面对复杂多变的物理环境，需要强大的感知、规划和控制能力。同时，由于要与真实世界交互，它还必须具备较高的安全性和适应性。

虚拟智能体。它是存在于计算机软件中的智能体。它没有实体的物理形态，而是以程序代码的形式运行在电子设备上。常见的虚拟智能体包括聊天机器人、智能助手、电子游戏中的非玩家角色（Non-Player Character，NPC）等。虚拟智能体虽然没有物理身体，但是有自己的感知（如接收文本、语音、图像等输入）、决策（如对话生成、任务规划等）和行动（如发送消息、控制游戏角色等）。与物理智能体相比，虚拟智能体更容易复制和传播，也更容易升级和扩展。但它也面临着一些独特的挑战，如怎样理解人类的自然语言，怎样表达适当的情感，怎样通过有限的交互界面与人建立信任和联结等。

增强智能体。它是一种连接物理世界和虚拟世界的混合智能体。它以人类为主体，但通过与各种智能设备的紧密连接，获得扩展的感知、辅助决策和行动能力。例如，装配了智能假肢的截肢者通过假肢中的传感器和控制器，可以恢复行走、跑、抓握等能力；佩戴智能眼镜的视障人士可以通过语音提示和图像识别，获得周围环境的信息；连接脑机接口的瘫痪患者可以用意念直接控制外部设备。增强智能体代表人机混合增强智能的发展方向，它让人和机器深度融合、优势互补，扩展人类智能的边界。但同时，它也带来了一些伦理问题，如怎样确保用户的隐私安全，怎样避免对人体产生伤害，怎样平衡机器赋能与人的主体性等。

纵观智能体的发展历程，我们可以看到一个从简单到复杂、从被动到主动、从孤立到社会化的演化轨迹。

最初的智能体是简单的反应式系统。它只有少数几条"感知－行动"的简单映射规则，能够对特定的刺激做出固定的反应。这种智能体的行为非常刚性、缺乏灵活性和适应性。

随着研究的深入，智能体开始具备越来越强的感知、推理和规划能力。

它们不再是简单的"刺激-反应"机器，而能够建立起世界的内部表征，根据目标进行逻辑推理和行为规划。这就是所谓的认知智能体。认知智能体的行为更加灵活，能够根据环境的变化调整策略。但它的认知往往还局限在特定领域，难以泛化到新的情境中。

后来，随着多智能体系统和群体智能的兴起，智能体开始呈现出社会化的特征。在多智能体系统中，智能体之间存在大量的交互和协作，它们需要掌握一些社会技能，如沟通、谈判、妥协等。同时，智能体群体在交互中往往会做出一些群体层面的智能行为，如集群、分工、调度等。这种社会性使得智能体的行为更加复杂和多样化。

可以预见，未来的智能体将继续向着更高的智能和更强的自主性演化。

感知是智能体认识世界的起点。与传统的被动感知不同，具身智能强调主动感知的重要性。通过主动探索，智能体可以自主地获取对任务而言最有价值的信息。同时，多种感知模态的协同，如视觉、触觉等的协同，可以让智能体获得更全面、准确的世界表征。此外，智能体还需要具备与人交互的能力，可以理解人的意图，并以自然的方式（如语言、手势等）与人进行交流。

在感知的基础上，智能体还需要加工信息，进行认知推理，以支撑决策。其中，因果推理让智能体理解事件的因果链条，预测行为可能带来的后果；类比推理则让智能体能够举一反三，将经验迁移到新的情景中；直觉决策使智能体能够在动态环境下快速做出反应。

学习和适应能力是智能体的一个关键特质。通过在线学习，智能体可以实时更新自身的知识和策略，以适应环境的变化；终身学习使智能体能够不断扩充知识，突破旧有认知的局限；元学习则让智能体学会如何学习，从而能够快速满足新的任务需求。

运动能力的构建让智能体能够付诸行动，实现对物理世界的塑造。灵巧的操控能力使智能体能够精准、柔顺、高效地完成各种作业任务；稳定的移动能力使智能体能够在复杂的地形中自如穿梭；人机协同能力则让智能体成为人类的得力助手，与人优势互补，和谐共处。

具身智能是一个高度跨学科的研究领域，而智能体正是这种跨学科融合的产物和载体。可以说，正是智能体的研究和应用，推动了具身智能的跨界发展，带来了一系列新的理念、方法和发现。

首先，智能体的研究极大地促进了机器人学与人工智能的融合。传统的机器人学更关注机器人的机械结构、控制系统和运动规划等问题，而传统的人工智能则更关注知识表示、推理决策和机器学习等问题。两个领域虽然都对智能感兴趣，但在研究范式和方法上有很大差异。

而智能体，尤其是物理智能体，成为连接两个领域的桥梁。一方面，智能体需要物理身体来感知和行动，这就需要利用机器人学来设计和制造各种传感器、执行器和机械结构。例如，仿人机器人需要灵活的关节和精细的手指来实现人性化的运动；自动驾驶汽车需要多种传感器（如激光雷达、摄像头等）来感知复杂的交通环境；四足机器人需要特殊的腿足设计来适应不平整的地形。这些都是机器人学的研究内容。

另一方面，智能体需要先进的人工智能算法来处理感知信息，从而做出智能决策和行动规划。例如，计算机视觉算法可以让智能体从图像中识别物体和场景；自然语言处理算法可以让智能体理解人类的语音指令；强化学习算法可以让智能体通过试错来优化行动策略；知识图谱可以让智能体储存和推理大量的常识性知识。这些都是人工智能的研究内容。

因此，智能体的研究促使机器人学专家和人工智能专家走到一起，共同探讨如何通过人工智能赋予机器人智能，如何将机器人的物理属性纳入人工智能的考量。这种交叉融合催生了一系列新的研究方向和成果，如发展型机器人学、认知机器人学、类脑机器人学等。

其次，智能体的研究也大大促进了认知科学与人工智能的融合。认知科学研究人类和动物的心智活动，如感知、记忆、思维、语言、情感等。它试图揭示智能的认知机制和神经基础。而人工智能则试图用计算机来实现智能。两个领域虽然都以智能为研究对象，但在研究视角和方法上有很大的不同。

而具身智能，尤其是以智能体为研究对象的具身智能，为两个领域提供了共同的平台。具身智能强调智能来自主体与环境的交互，这一理念与认知科学中的具身认知、嵌入认知等思想高度契合。认知科学专家发现，我们的认知是根植于身体的感知运动系统的。例如我们在导言中提到的，婴儿通过手抓、眼看、口尝等感知运动来认识世界，英语中用一些表示动作的单词来表达一些抽象概念，这些启发人工智能研究者开始重视感知运动经验在智能形成中的作用。

同时，认知科学为人类智能发展的研究，以及智能体的设计提供了重要参考。例如，皮亚杰提出，儿童的认知是分阶段发展的：从感知运动阶段到前运算阶段，再到具体运算阶段和形式运算阶段。这启发我们，智能体的发展也可以遵循类似的阶段性原则：从简单的感知运动协调到对物体和事件的表征，再到逻辑推理和抽象思维。再如，认知神经科学揭示了镜像神经元系统在模仿学习中的重要作用。当我们观察别人的行为时，我们的大脑中负责执行这些行为的神经元也会被激活，这是我们学习新技能的神经基础。这启发我们，智能体也可以通过类似的模仿学习机制，从示范中快速掌握新的行为。

总之，认知科学为智能体的研究提供了大量的灵感和证据，而智能体的研究则为认知科学提供了新的研究工具和平台。两个领域的交叉融合可加深我们对智能本质的理解。

再次，智能体的研究还促进了人机交互与人工智能的融合。传统的人机交互研究更关注如何设计易用、高效、友好的用户界面，而传统的人工智能研究则更关注如何让机器表现出智能行为。两个领域虽然都涉及人与机器的关系，但其侧重点有所不同。

而具身智能，尤其是以智能体为载体的具身智能，强调人与智能体的交互应该是自然、直观、富有情感的，就像人与人之间的交互一样。这就要求我们在设计智能体时，不仅要考虑其智能性，还要考虑其交互性。

一方面，这需要运用人机交互领域的知识来设计智能体的感知和表达方式。例如，为了让智能体能够自然地与人对话，我们需要运用自然语言处理技术来理解人的语言，需要运用语音合成技术来生成流畅的回复，还需要运用对话管理技术来控制对话的进程。为了让智能体能够准确识别人的情绪，我们需要运用情感计算技术来分析人的面部表情、语音语调和生理信号。为了让智能体能够以适当的方式表达情感，我们需要研究如何生成富有感染力的语言、表情和动作。

另一方面，这也需要运用人工智能领域的知识来增强智能体的认知和交互能力。例如，要让智能体能够理解人的意图，就需要运用意图识别、上下文理解等人工智能技术；要让智能体能够提供个性化的服务，就需要运用用户建模、推荐系统等技术；要让智能体在对话中表现出同理心，就需要运用情感识别、情感生成等技术。

因此，智能体的研究，尤其是社会性智能体的研究，促使人机交互专家和人工智能专家密切合作，共同探讨如何提供更加自然、更加智能的人机交互体验。这种合作一方面让人机交互更加智能化，能够理解人的需求，提供个性化服务；另一方面也让人工智能更加人性化，能够以人类习惯的方式进行交流，表达适当的情感。

最后，智能体的研究还促进了伦理学、法学与人工智能的融合。随着智能体变得越来越自主、强大，它的行为将可能对个人乃至全人类产生重大影响。这就不可避免地涉及一系列伦理和法律问题。

当自动驾驶汽车遇到不可避免的事故时，应该优先保护车内乘客还是车外行人？当家用服务机器人在服务过程中意外损坏了用户的财物，应该由谁来承担责任？当医疗诊断机器人做出错误诊断，导致患者延误治疗，患者是否可以起诉机器人？当军用机器人在战场上误伤平民，这是否构成战争罪行？类似的问题还有很多。

要回答这些问题，仅仅依靠人工智能技术是不够的，还需要伦理学和法学的知识。我们需要伦理学家来探讨什么是机器伦理、智能体应该遵循什么样的道德原则、如何将人类的价值观嵌入智能体的设计。我们需要法学家来探讨智能体的法律地位、如何界定智能体的权利和责任、如何规范和监管智能体的研发和应用。

同时，人工智能技术也为伦理学和法学研究提供了新的视角和工具。例如，借助因果推理、博弈论等人工智能技术，我们可以更清晰地分析各种决策的后果，权衡不同利益相关者的得失，从而做出更加理性的伦理判断。借助大数据分析、案例推理等技术，我们可以更高效地检索和分析与智能体相关的法律案例，发现其中的共性和规律，为立法和司法提供参考。

因此，智能体的研究，尤其是涉及社会交互和决策的研究，促使人工智能专家、伦理学家和法学家展开跨学科对话，共同应对智能体带来的伦理和法律挑战。这种对话一方面有助于我们创造出更加安全、更加可靠、更加符合人类价值观的智能体；另一方面也有助于我们反思人类社会的伦理和法律体系，为应对更广泛的科技伦理问题做好准备。

智能体已经成为推动具身智能跨领域融合的重要纽带。它连接了人工智能、机器人学、认知科学、人机交互、伦理学等多个领域，促进了不同学科的理论、方法和技术的交叉融合，催生了一系列新的研究方向和成果。这种跨领域融合不仅极大地扩展了我们对智能的认识，还为智能体的设计和应用提供了更加广阔的视野和更加丰富的资源。

第 4 章　镜像与重构：
具身智能与世界模型的双螺旋之舞

> 当心智拥有了世界，行动才拥有了意义。

　　智能体如此强大，它是如何理解这个复杂多变的世界的呢？本章我们就来聊一个前沿话题——具身智能与世界模型的融合。这个话题听起来可能有点抽象和高深，但请相信我，它对于理解和实现真正的智能系统有着非常重要的意义。

　　什么是世界模型呢？我们人类之所以能够在复杂多变的环境中生存，其中一个重要原因就是我们的大脑中有对世界的整体认知，包括空间、时间、事物、规律等各个方面，这就是世界模型。比如，当你走进一个房间时，即使你从没来过这里，你也知道其中的桌子可以用来放东西，椅子可以用来坐，门可以打开和关闭。之所以如此，是因为你的大脑里储存了桌子、椅子、门等物体各自的属性和功能。世界模型会帮助我们在大脑中预演各种行为的后果，从而做出明智的决策。

　　在具身智能的世界里，也有自己的世界模型。它是智能体大脑中对世界的一种表征或映射，包含智能体对环境的理解、记忆和预期。正如人类需要在大脑中建立一个内在的世界模型来指导思考和行动，智能体也需要构建自己的世界模型，用于进行感知理解、推理决策、规划控制等智能活动。

　　具体而言，世界模型具有以下几个关键特点。

首先，世界模型是分层的。这种分层性体现了从感性到理性、从具体到抽象的认知层次。在最底层，世界模型直接对应感官输入的原始信息，如视觉图像、听觉信号等。这些感知数据经过特征提取和模式识别，形成中层的概念表征，如物体、事件、场景等。再往上，则是对概念之间关系的抽象，形成规则、因果、逻辑等高层知识。这种分层结构使世界模型能够在不同的抽象水平上表征和理解世界。

其次，世界模型是动态的。环境在变化，智能体的认知也在变化。因此，世界模型必须能够实时更新，以适应新的观察和交互。这种动态性一方面体现在对环境变化的持续跟踪，通过"感知－预测"循环，不断修正内部表征以匹配外部世界；另一方面体现在对自身认知的不断重构，通过元认知（思考自己的思考，即对自身认知过程的理解和控制）和学习，不断优化和扩展认知结构以应对新的挑战。这种动态更新使世界模型能够在开放、非结构化的环境中持续进化。

最后，世界模型是主观的。不同的智能体会基于自身的感知、经验、知识和目的，建立不同的世界表征。比如，对于同一个立方体，婴儿可能只有模糊的形状和颜色的印象，儿童可能认为是个玩具，物理学家却可能洞察其背后的几何规律和力学原理。可以说，世界模型反映了智能体对世界的主观解释，是基于智能体自身视角对世界的一种呈现。这种主观性，使世界模型具有多样性和解释性，但也可能带来偏见和盲区。

在具体实现上，世界模型可以采用不同的表示方法。传统的符号主义方法倾向于用逻辑、本体、产生式规则等显式的符号结构来表征世界知识。这种方法的优点是清晰、可解释，推理过程可以追溯。但其缺点是难以处理模糊、不确定的信息，难以从数据中自动学习。

以深度学习为代表的连接主义方法则使用神经网络（模拟人脑神经元结构和功能的计算模型，用于识别模式并从中学习）隐式地表征世界模型。通过端到端的学习，神经网络可以直接从原始数据中提取多层次的特征表示，刻画复杂的概念和关系。这种方法在感知、模式识别等任务上取得了突破性进展，展现出了强大的学习能力。但其缺点是学习到的模型通常是"黑盒"的，缺乏可解释性，难以应用先验知识。

理想的世界模型表示方法应该兼具以上两种方法的优点。一方面，它应该能用显式的符号知识来表达抽象概念、因果逻辑和通用规律，具有可解释性和泛化性；另一方面，它应该能用神经网络等连接模型来处理感知信息、优化特征表示和适应环境变化，具有学习和适应能力。这需要在表示、推理、学习等方面实现符号和连接的无缝集成。

从婴儿的认知发展，我们可以看到世界模型的进化轨迹。婴儿并非一开始就有完整的世界观，而是从感知运动阶段开始，通过与环境的交互，逐步构建起内在的心理表征。皮亚杰将这一过程划分为以下几个阶段。

感知运动阶段，从出生一直持续到第 18 个月，婴儿主要通过感知和运动来认识世界。他们通过眼睛注视、耳朵倾听、手掌抓握等，获得对物体的最初印象。通过反复地操作，他们逐步意识到物体的永久性，即使看不见摸不着，物体也依然存在。这标志着心理表征能力的萌芽。

前运算阶段，从儿童学习一种语言开始到五六岁，他们能够使用符号（如语言、图像）来表征现实，但其思维还主要局限于具体的事物和经验。他们的世界模型还带有明显的自我中心色彩，不能很好地站在他人角度思考问题。

具体运算阶段，儿童从六七岁开始到青少年早期，他们的逻辑推理能力有了长足发展，能够对具体事物进行分类、排序，甚至能够理解数量守恒，掌握因果关系。这意味着，他们的世界模型变得更加客观、有条理。

形式运算阶段，从 11 岁左右开始，儿童能进行抽象逻辑思维，对假设性命题进行推理，不再拘泥于具体经验。他们能够系统地考虑问题，设想多种可能性。这标志着成熟、理性的世界模型的形成。

由此可见，世界模型的发展是一个从感性到理性、从具体到抽象、从自我到客观的过程。这一过程也启示我们如何设计和训练人工智能系统的世界模型。首先，要重视感知运动经验在早期智能发展中的重要作用。让智能体在真实世界中探索、操作，通过物理交互来学习对象的属性和规律。其次，要引导智能体从具体经验中提取抽象概念和规则。可以借鉴概念学习、规则学习等方法，帮助智能体归纳总结经验，形成逻辑清晰的心理表征。再次，要帮助智能体建立客观、全面的世界模型。可以通过多视角感知、多智能体交互等方式，让智能体突破以自我为中心的局限，学会换位思考，形成更准确、更一致的世界认知。最后，要让智能体具有抽象思维和推理能力。可以通过逻辑推理、因果推理、类比推理等任务，训练智能体在概念表征之上进行运算，提升其应对复杂问题的能力。

世界模型作为智能的内在表征，是智能体认知、学习、思考的基石。它的发展既是智能体个体成长的历程，也是人工智能走向通用智能的关键一步。

在传统的人工智能研究中，世界模型常常被看作一种独立于身体的、纯粹的心智活动。研究者试图通过符号逻辑、概率图模型等方式，建立客观、抽象的世界表征。然而，具身智能的兴起为我们理解世界模型的形成提供了一个全新的视角：正是具身的感知运动经验，塑造了世界模型的基本形态。

首先，感知运动协调是世界模型构建的基础。婴儿第一次看到一个彩色的球时，他可能只是被球的颜色和形状吸引。但当他伸手去抓球，将球拿到眼前仔细观察，放进嘴里尝试，甚至扔到地上听到声音时，他才真正开始理解球的各种属性。通过这样的感知运动协调，婴儿在大脑中建立起了球的多维表征。这里，多种感官信息的整合也是塑造准确世界模型的重要途径，这些不同感官的信息，在大脑中整合成统一的概念表征。

具身智能同样强调多模态感知的重要性。通过与视觉、触觉、本体感受等相关的多种传感器的协同，智能体可以获得关于环境更全面、更可靠的信息。例如，在机器人抓取任务中，单纯的视觉反馈往往难以解决物体的形变、遮挡等问题。而如果结合触觉信息，机器人就可以更好地估计物体的形状、重量、材质等，从而做出更稳定、更灵活的抓取动作。这种多模态感知融合是构建准确世界模型的重要基础。

其次，通过与环境的行为交互，智能体可以学习到因果模型。对于具身智能来说，世界模型不仅要对世界的静态特征进行编码，还要刻画事物之间的动态关系，即因果规律。而这种因果模型正是通过智能体的行为与环境的交互学习得来的。

让我们再次回到婴儿的例子。当婴儿在摇篮里玩耍时，他可能偶然碰到了头顶的风铃，使其发出清脆的声音。起初，这只是一个偶然事件。但当婴儿反复尝试，发现每次碰到风铃都会发出声音时，他就学会了一个因果模型：碰到风铃会发出声音。这个简单的因果模型让婴儿意识到自己的行为可以影响环境，从而主动探索更多的因果模型。

从计算机科学的角度来看，这种因果模型的学习可以用强化学习来刻画。在强化学习中，智能体通过与环境的交互，不断尝试不同的行为，观察环境的反馈，并据此优化自己的决策。这个过程本质上就是学习行为与结果之间的因果映射。

具身智能同样重视交互在因果模型学习中的作用。通过实际操纵物体，观察物体的反应，智能体可以学到丰富的因果规律：用力推物体会让它移动，松手物体会掉落，加热物体会让它变热……这些因果规律构成了智能体对世界运作方式的基本理解，指导着它的预测、规划和决策。

再次，身体的约束和经验还会引导智能体的概念抽象。对于具身智能来说，抽象概念并非凭空产生的，而是根植于具体的身体经验。我们之所以有"支撑""平衡""力量"等抽象概念，是因为我们有相应的身体感受。当我们用手支撑一个物体时，我们感受到了重力；当我们努力保持身体平衡时，我们理解了稳定；当我们用力推动一个物体时，我们领悟了力量。正是这些具体的身体经验，让我们形成了相应的抽象概念。这种将身体经验映射到抽象领域的能力，被称为具身隐喻。具身隐喻在我们的语言中随处可见。当我们说"一个论点站不住脚"时，我们是在用身体的稳定性来隐喻论点的可靠性；当我们说"人物高大"时，我们是在用身体的空间维度来隐喻人的品质；当我们说"感情变淡"时，我们是在用色彩的饱和度来隐喻情感的强烈程度。这些隐喻反映了我们如何用身体经验来理解抽象世界。

具身智能试图让智能体也能基于身体经验形成抽象概念。有一个有趣的例子，研究者让机器人通过实际操纵，学习"重"和"轻"的概念。机器人通过举起不同物体，感受它们对机械臂的压力，逐步形成对重量的抽象认知。类似地，机器人还可以通过触摸物体，感受温度，从而理解"冷"和"热"的差异。这些基于身体经验形成的抽象概念，构成了机器人的世界模型的重要组成部分。

图式理论给我们提供了另一个视角来理解身体在概念形成中的作用。图式是一种组织经验的认知结构。它起源于重复出现的行为模式，图式不仅包含行为的动作模式，还包含行为所针对的对象的性质。例如，抓握图式隐含对物体形状、大小、质地的认知。随着经验的丰富，这些图式会逐步分化、组合，形成更加抽象、更加复杂的认知结构，成为世界模型的基本单元。

具身智能受此启发，尝试通过行为交互来构建智能体的图式系统。例如，让机器人反复执行"抓取－放置"的动作，从而形成"抓取－放置"图式；让机器人反复执行"推动－滚动"的动作，从而形成"推动－滚动"图式。这些图式一方面包含行为控制的程序性知识，另一方面也隐含对物体属性和因果规律的声明性知识。通过组合、类比等方式，智能体可以在图式的基础上，形成更高层次的抽象概念和推理能力。

最后，社会交互也是塑造世界模型的重要力量。我们并非独自一人认识世界，而是生活在社会之中的。我们的很多知识并非源于自己的直接经验，而是通过与他人的交流、合作和学习获得的。这种社会交互深刻影响着我们的世界观。

具身智能同样重视社会交互在塑造世界模型中的作用。通过与他人的合作和交流，智能体可以建立起共同的注意、意图、信念，从而形成一致的世界理解。例如，当一个机器人和一个人类共同完成一项任务时，它们需要就任务的目标、步骤、分工等达成共识。这个过程不仅需要机器人理解人类的指令和意图，还需要机器人表达自己的理解和计划，并在双方的反复沟通中不断调整。这种交互可以帮助机器人建立起与人类相容的世界模型，学会用人类的方式理解和描述世界。

师徒式学习是一种重要的社会交互方式。通过观察专家的示范，听取专家的讲解，智能体可以快速获取关于任务的先验知识，了解任务的目标、约束和解决方案。师徒式学习可以大大加速智能体世界模型的构建，特别是对于复杂任务。例如，对于国际象棋，初学者如果完全依靠自己的摸索，可能需要非常长的时间才能掌握其中的规则和策略。但如果有一位好的老师指导，初学者就可以快速理解棋局，学会基本的棋形和战术。这种启发式的知识可以为进一步的学习打下良好的基础。

在多智能体系统中，群体交互也可能催生集体层面的世界模型。当大量智能体相互协作、竞争时，它们的局部交互可能催生全局的模式和结构，形成一种群体认知。这种群体认知不同于任何单个个体的认知，而是体现了群体的智慧。例如，在蚁群中，单个蚂蚁的能力非常有限，但当大量蚂蚁通过信息素交流时，整个蚁群表现出了惊人的寻路能力、运输能力和分工能力。这实际上体现了一种基于群体交互形成的蚁群认知。类似地，在多机器人系统、群体智能算法等领域，研究者也在探索如何通过个体交互，实现群体层面的感知、决策和行动能力，构建涌现式的群体世界模型。

通过感知运动协调，智能体建立起物体和空间的多维表征；通过行为交互，智能体学习到事物之间的因果规律；通过身体经验，智能体形成抽象概念和图式结构；通过社会交互，智能体获得先验知识和群体智慧。这些机制共同塑造了智能体内在的世界模型，那么，世界模型又是如何反过来指引具身智能的呢？

世界模型支持感知预测。基于当前的状态表征，智能体可以利用世界模型，预测下一时刻的感知输入。这种预测不仅可以帮助智能体提前做出反应，还可以帮助智能体发现新的信息。

一个典型的例子是视觉预测。当我们观察一个动态场景时，我们的大脑并不只是被动地接受视觉输入，而是在不断主动预测物体的运动轨迹。通过将预测与实际输入进行比较，我们可以快速发现异常情况，如物体的突然消失或出现。这种预测依赖于我们大脑中的世界模型，特别是对物体运动规律的理解。

类似地，智能体也可以利用世界模型进行感知预测。例如，在自动驾驶中，车辆可以根据道路、车辆、行人的运动模型，预测它们未来几秒的位置和速度。这可以帮助车辆提前规划行驶路径，避免潜在的碰撞风险。又如在机器人抓取中，机器人可以根据物体形状、材质、重量等的认知，预测抓取过程中的受力和变形情况。这可以帮助机器人优化抓取策略，提高抓取的稳定性。

世界模型还可以支持运动想象和规划。运动想象是指在大脑中模拟运动过程，而不实际执行运动。这依赖于我们对自身身体和外部环境的表征能力。大脑在想象运动时，会激活与实际运动相似的脑区和肌肉。这使得运动想象成为一种有效的运动训练方式，运动员经常利用这一方法，在大脑中一遍遍排练动作，以提高运动技能。

对于智能体而言，运动想象可以帮助其在执行前评估和优化运动计划。例如，在机器人运动规划中，我们可以让机器人在世界模型中模拟不同的运动轨迹，评估其可行性和效率，并选择最优的运动计划。这种基于模型的规划，可以大大减少实际尝试的成本，提高运动决策的质量。同时，通过想象他人的运动，智能体还可以推断他人的意图和目标。这种基于运动的心智理论推理是人机交互和多智能体协作中的重要能力。

世界模型还是推理和问题解决的基础。从认知科学的角度看，推理是在大脑中操纵符号表征，得出新的符号表征的过程。这些符号表征正是世界模型的组成部分。因此，世界模型的完备性和准确性直接决定了推理的深度和广度。

在因果推理中，如果智能体的世界模型中包含丰富的因果知识，它就可以根据已观察到的事件，推断可能的原因或结果。例如，当一个机器人发现一扇门无法打开时，它可以根据其对门锁机制的理解，推断可能是钥匙丢失或锁被损坏了。这种推理能力可以帮助智能体快速诊断问题，制订应对策略。

类比推理则利用不同事物或情境之间的相似性，将已有知识迁移到新的问题情境中。这种推理方式依赖于世界模型中的概念层次结构。例如，一个智能体在世界模型中建立了"容器"这一抽象概念，那么它在遇到新的物体时，就可以根据其形状、功能等属性，判断它是否属于"容器"的范畴，并推断出它可能的功能。这种跨情境的知识迁移大大扩展了智能体解决问题的能力。

反事实思维是一种更高级的推理形式。它不仅考虑"是什么"，还考虑"可能是什么"。通过在世界模型中操纵变量，设想不同的情景，智能体可以预估不同行为的结果，选择最优决策。例如，在下国际象棋时，一个好的棋手会在大脑中推演多步走法，评估每一步可能导致的棋局变化，并选择最有利的走法。这种"假设－推理－评估"的思维方式依赖于世界模型对因果规律的准确刻画，以及对行为后果的准确预期。

可见，具身智能和世界模型之间存在着紧密的相互作用。一方面，具身智能通过感知运动交互、行为探索、社会学习等方式，不断塑造和更新世界模型；另一方面，世界模型又通过感知预测、运动想象、推理决策等方式，持续指引和优化着具身智能。这种交互使得具身智能和世界模型在互动中不断协同进化，形成了一个双向螺旋上升的过程，使智能体能够在经验与理性、行动与思考的交互中，不断加深对世界的理解。

具身智能与世界模型的双螺旋互动，也体现在我们之前的学习和问题解决过程中。以科学探索为例。科学家基于已有的世界模型（既有理论），提出新的假设和问题，设计实验来验证或证伪这些假设。通过实验所获得的新数据，要么支持原有理论，要么推翻原有理论，从而引发理论的修正或革命。新的理论又会带来新的假设和实验，开启新一轮的探索。在这个过程中，抽象的理论模型和具体的经验实践，在不断的交互中相互促进，推动认识的进步。

总之，在设计智能系统时，要高度重视世界模型的构建和利用。一方面，我们要通过多模态感知、主动探索、社会交互等手段，帮助智能体获取丰富的环境信息，构建完备、准确的世界表征；另一方面，我们要发展基于世界模型的预测、规划、推理、控制等能力，让世界模型在实际任务中发挥引导和优化作用。只有在感知、认知、行为的每一个环节都充分利用世界模型的力量，我们才能创造出真正智能、灵活、强大的智能系统。

第 5 章　机器人的身体智慧：

机器人学与具身智能的交叉革命

> 形神兼备，机器觉醒。

什么是机器人？在科幻小说和电影中，机器人通常被描绘成人形的智能机器，如"星球大战"系列电影中的 C-3PO 和 R2-D2（见图 5-1）。但在现实中，机器人的定义要广泛得多。从广义上说，机器人是一种能够感知环境、自主决策、执行任务的自动化机器。它可以是工业生产线上的机械臂，也可以是家中帮助打扫卫生的扫地机器人，还可以是探索火星的"好奇号"火星车。

图 5-1

机器人学是一门交叉学科，融合了机械工程、电子工程、控制理论、计算机科学等多个领域的知识。机械工程为机器人提供了运动和操作的构件，如关节、连杆、齿轮等；电子工程为机器人提供了感知和控制的硬件，如传感器、驱动器等；控制理论为机器人提供了决策和执行的算法，如 PID 控制、自适应控制、运动规划等；计算机科学为机器人提供了智能和交互的软件，如计算机视觉、自然语言处理、机器学习等。可以说，机器人学是这些学科知识的集大成者。

机器人学经历了漫长的发展历程。早在古希腊时代，人们就幻想过将机械装置组成自动仆人。18 世纪，欧洲出现了一些模仿人形的机械玩偶，如法国制造商沃康松的"长笛演奏者"。20 世纪初，捷克作家卡雷尔·恰佩克创造了"机器人"一词，用来指代他的科幻剧本中的人造工人。现代机器人学诞生于 20 世纪 40 年代，接着，第一个可编程工业机器人 Unimate（见图 5-2）于1961 年投入使用。此后，机器人技术不断发展，从最初的工业机器人到服务机器人、社交机器人、软体机器人等，其应用领域越来越广泛，其形态、功能也越来越多样化。

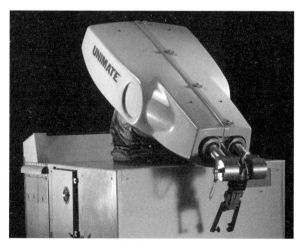

图 5-2

机器人学主要研究感知模块、决策模块、执行模块和人机交互。

首先，机器人需要通过各种传感器获取环境信息，并将这些信息整合成一致的表征。在这个过程中，感知模块需要处理海量的、多模态的、有噪声的感知数据，从中提取有用的特征和模式。同时，它还需要确定自身在环境中的位置和状态，如姿态、速度等。这需要复杂的数据融合和状态估计算法。

其次，决策模块会根据感知模块提供的信息，结合任务目标，规划机器人的行动。对于机器人来说，决策模块涉及运动规划、路径规划、任务规划等多个层次。运动规划决定机器人如何移动身体，如何控制关节完成某个动作；路径规划决定机器人如何在环境中避开障碍，到达目标位置；任务规划决定机器人如何分解和执行一个复杂任务，如何协调多个子任务。这需要优化、搜索、推理等人工智能算法。

最后，决策模块给出行动指令后，执行模块负责控制机器人的运动，但这并非易事。机械结构往往很复杂，有多个关节，运动时还会受到动力学等因素的影响，所以需要运动控制、力控制等技术。

机器人需要与人类进行信息交流和行为互动，这是机器人走进人类社会的必要条件。理想的人机交互应该是自然、高效、友好的，让人感觉像与另一个人交流一样。但这对于机器人来说是一大挑战。它需要通过捕捉语音、手势、表情等来理解人的意图，同时表达自己的状态，遵循社交礼仪，与人建立情感联系。这涉及语音识别、语义理解、动作生成、情感计算等前沿技术。

具身智能为机器人研究带来了新的视角和方法。传统机器人学将感知、决策、控制视为相对独立的模块，而具身智能则强调它们的相互依存和动态交互。机器人的身体不再是执行运动指令的"奴仆"，而是感知、决策、行动的主体。通过身体与环境的实时互动，机器人可以建立起关于自身和世界的模型，从而表现出适应性和智能性。

具体而言，具身智能为机器人带来了以下新的能力和特征。

　　首先，具身智能让机器人能够主动探索和学习。传统机器人往往依赖预先设计好的模型和知识，很难适应新的环境和任务。而具身智能机器人通过主动与环境互动，利用传感器的反馈，不断建立和修正自身的经验模型。例如，著名的 iCub 机器人（见图 5-3）就像一个好奇宝宝，会主动抓取、摆弄面前的物体，通过触碰、观察、操作，探索物体的性质，学习抓取的技巧。这种通过身体主动探索获取知识的方式，使机器人具备了持续学习和适应的能力。

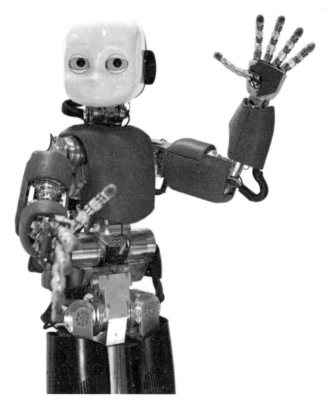

图 5-3

　　其次，具身智能让机器人能够灵活应对不确定性。现实世界充满了变化，机器人很难对环境有完全的了解和控制。具身智能通过紧密的"感知 - 行动"

反馈回路，让机器人能够实时感知环境的变化，并快速做出反应。同时，通过冗余的身体结构设计，具身智能提高了机器人的容错性，使其在面对干扰时，仍能维持稳定。软体机器人就是一个很好的例子，其柔软的身体能够承受一定强度的碰撞，可以适应不同形状的物体，在狭小、崎岖的环境中灵活穿行。

最后，具身智能让机器人表现出涌现的智能行为。传统的机器人智能来自精心设计的程序和规则，而具身智能则强调智能来自身体结构、环境约束和任务需求的动态交互。当身体、环境、任务达到某种协调匹配时，智能行为就自发涌现出来。就像简单的感知运动规则可以产生令人惊讶的集群行为一样，具身智能的简单机制也可以产生复杂的行为模式。例如，六足机器人 RHex（见图5-4）没有中央控制器的精确建模和规划，只是每条腿根据触地感知独立地摆动，却能在崎岖的地形上稳健奔跑。这体现了具身智能"简单规则，涌现智能"的魅力。

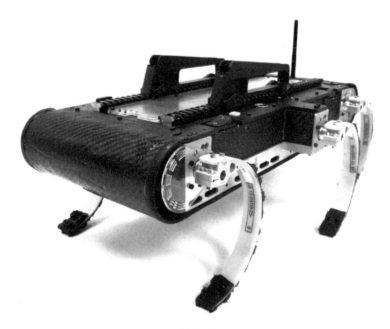

图 5-4

　　此外，具身智能还为机器人注入了身体感和情感。通过拟人化、拟生物化的外形设计，柔性、富有表现力的运动，以及对人的情绪状态的识别和回应，使机器人显得更加生动、友好、有温度。例如，日本的 pepper 机器人（见图 5-5）有圆润的身体、丰富的面部表情，使其能与人进行自然的情感互动，成为深受欢迎的陪伴型机器人。

图 5-5

　　机器人是具身智能理念的理想载体。不同形态和功能的机器人为研究具身智能提供了多样化的实验平台。

　　人型机器人是研究人类认知和行为的重要工具。以日本的 Asimo（见图 5-6）、法国的 NAO（见图 5-7）、美国的 Atlas（见图 5-8）等为代表的人形机器人，拥有与人类相似的身体结构和运动能力。通过在这些机器人上实现与感知、学习、推理等相关的智能算法，我们可以深入理解人类智能的机制，探索类人认知和行为的计算模型。同时，人形机器人也是研究人机交互的理想平台，有助于发展更自然、更高效的人机协作方式。

图 5-6

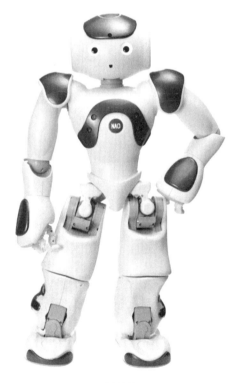

图 5-7

图 5-8

　　仿生机器人为研究动物智能提供了独特视角。大自然孕育了形形色色的生命形式，它们在漫长的演化中发展出了适应环境的奇妙智能。蛇形机器人、昆虫机器人、鸟翼机器人等仿生机器人，通过模仿动物的形态和运动方式，探索生物智能的奥秘，并将其应用于机器人设计。例如，蛇形机器人灵活的身体和独特的蜿蜒运动，使其能够在狭小、崎岖的环境中灵活穿行，在搜救、勘探等任务中大显身手。而昆虫机器人的多足协同、群体协作，则为机器人集群控制提供了新的思路。

　　软体机器人是具身智能研究的新兴方向。传统的机器人学注重刚性结构和精确控制，而具身智能则强调柔顺适应和感知运动一体化。软体机器人将两者的优点结合起来，通过柔性材料和结构实现了环境适应性，同时通过智能控制实现了精确控制。例如，哈佛大学的 Octobot（见图 5-9）就是一款完全软体化的自主机器人，其柔性驱动器、分布式控制器、集成式传感器，体现了多学科交叉的创新成果。

图 5-9

　　总之，具身智能为机器人学注入了新的活力和思路，而机器人学也为具身智能提供了理想的实践平台和应用场景。两者的交叉融合正在催生一系列新的研究方向和范式，推动机器人科技的革命性进步。

第二篇

具身智能的技术进展

当代码邂逅钢铁，当算法拥抱
感知，具身智能，在交互中觉醒。

第6章 从仿真到现实：
机器人的"游戏人生"

> 游戏中的一小步，是现实世界智能的一大步。

　　你是否想象过，机器人也有自己的游戏？在虚拟的游戏世界里，它学习、成长，最终成为能在现实世界中灵活应对各种挑战的智能助手。让我们一起走进 Sim-to-Real（从仿真到现实）的奇妙世界，探索机器人是如何通过游戏来掌握现实世界的技能的。

　　在以前，如果想要教一个机器人打篮球，我们需要让它在真实的球场上练习成千上万次。这不仅耗时耗力，还可能损坏昂贵的设备。所以更不用说让机器人执行一些高风险的任务了，比如灾难救援或深海探索，我们根本无法让机器人在真实环境中反复练习。这就是为什么我们需要 Sim-to-Real 技术。

　　在现实世界中训练机器人面临着三大问题：高成本、高风险和低效率。反复训练可能导致设备损坏，耗费大量时间和人力资源。某些任务可能存在安全隐患，或者造成不可逆的后果。而且，在现实世界中收集数据往往很慢，难以覆盖所有可能的场景。

　　相比之下，虚拟环境训练有着显著的优势。我们可以在计算机上大规模并行训练，无需实体设备，大大降低了成本。虚拟环境中的失败不会造成实际损失，确保了安全性。更重要的是，我们可以快速迭代，轻松创建各种场景，极大地提高了训练效率。

然而，虚拟世界毕竟不是现实世界。两者之间存在着一些差距：虚拟世界的物理规则往往是简化的，虚拟传感器难以完全模拟现实世界中的噪声和误差，而且现实世界的复杂性远超虚拟环境的。缩短甚至消除这些差距，就是 Sim-to-Real 技术要解决的核心问题。

为了让机器人顺利地从虚拟世界过渡到现实世界，研究人员开发了一系列创新技术。

一是高保真度仿真技术。就像优秀的画家需要精细的画笔和丰富的颜料才能创作出栩栩如生的画作一样，高保真度仿真需要精确的物理模型和逼真的环境渲染才能创造出接近现实的虚拟世界。这需要用到物理引擎、传感器仿真和环境建模。

现代物理引擎不仅能模拟刚体动力学，还能模拟软体动力学。这意味着我们不仅可以模拟坚硬物体的碰撞和运动，还可以模拟布料、液体等柔软或流动的物体。例如，NVIDIA 的 PhysX 引擎就能够模拟复杂的物理现象，包括布料模拟、流体动力学等。这使得我们可以在虚拟环境中训练机器人以处理各种复杂的物理交互任务，如折叠衣物或倒水。

机器人需要通过各种传感器来感知世界，因此准确模拟这些传感器至关重要，包括相机、激光雷达、触觉传感器等。例如，我们可以模拟相机的光学特性，包括镜头畸变、景深效果等；也可以模拟激光雷达的扫描原理，包括点云生成、噪声模拟等；甚至可以模拟触觉传感器的压力分布和摩擦特性。Unity 的高清渲染管线就提供了逼真的相机模拟功能，可以生成接近真实的图像数据。

环境建模包括材质渲染、光照模拟、天气效果模拟等。现代图形引擎如 Unreal Engine 可以创造出极其逼真的虚拟环境，包括复杂的光影效果、动态的天气变化等。这使得我们可以在各种不同的环境条件下训练机器人，提高其适应性。

二是域随机化技术。即使是最先进的仿真技术，也无法完美复制现实环境。域随机化技术通过在仿真中引入随机性，增强模型的稳健性。这就像是在训练中不断变换考题，让学生能够应对各种可能的考试情况。

视觉随机化是最常见的形式之一。我们可以随机改变物体的纹理、颜色、光照等视觉属性。例如，在训练物体识别任务时，我们可能会随机改变目标物体的颜色和纹理，甚至用简单的几何图形替代复杂的物体形状。这样训练出来的模型就不会过度依赖于特定的视觉特征，能够识别物体的本质特征。

动力学随机化则涉及物理参数的随机化。我们可以随机改变物体的重量、摩擦系数等物理参数。这样可以让机器人学会适应不同的物理条件。例如，在训练机器人抓取任务时，我们可能会随机改变物体的重量和摩擦系数，让机器人学会适应具有不同重量和表面特性的物体。

几何随机化则涉及物体形状、尺寸、位置等的随机化。这可以让机器人学会处理各种不同形状和大小的物体，以及适应物体在环境中的不同摆放位置。

OpenAI 在其著名的魔方机器人项目（见图 6-1）中就大量使用了域随机化技术。它在仿真中随机改变魔方的大小、重量、颜色等属性，最终训练出了能够在现实世界中成功操作魔方的机器人手。

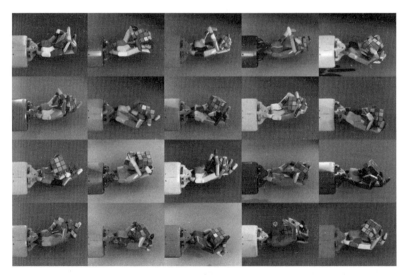

图 6-1

　　三是域适应技术。域适应技术试图缩小仿真域和现实域之间的差距。这就像是为学生提供过渡课程，帮助他们将课堂所学应用到实际工作中。

　　特征级适应是一种常用方法。它试图调整模型，使仿真数据和现实数据的特征分布更加接近。例如，我们可以使用对抗训练的方法，让模型学会提取仿真数据和现实数据中的共同特征，忽略域特定的差异。

　　像素级适应则更进一步，直接在图像层面上进行调整。生成对抗网络（Generative Adversarial Network，GAN）在这里发挥了重要作用。我们可以训练一个 GAN 模型，将仿真图像转换为更接近现实的图像。这样，即使是在仿真环境中训练的模型，也能够处理现实世界的图像输入。

　　任务级适应则关注如何将在一个任务上学到的知识迁移到新的任务上。这里常用的技术包括迁移学习和元学习。例如，我们可以先在大量简单任务上预训练模型，然后针对特定的复杂任务进行微调。或者，我们可以训练模型学会如何学习，使其能够快速适应新的任务。

　　四是循环自我改进。循环自我改进是一个不断优化的过程，它将现实世界的反馈纳入训练循环中。这就像一个不断进行"执行－反馈－改进"的循环过程。

　　首先，我们让机器人在现实环境中执行任务，并收集数据。这些数据可能包括传感器数据、执行结果、失败案例等。

　　然后，我们根据这些现实数据来优化仿真环境。这可能涉及调整物理参数、改进传感器模型、增加新的场景变化等，其目标是让仿真环境更加接近现实。

　　接下来，我们在这个优化后的仿真环境中继续训练机器人。由于这个仿真环境更加接近现实，机器人学到的技能也更容易迁移到现实世界。

　　最后，我们将新训练的模型部署到现实世界中，开始新一轮的数据收集。这个过程不断循环，使得仿真环境和机器人的能力都在不断提升。

　　Google DeepMind 在其机器人抓取项目（见图 6-2）中就采用了类似的方

法。研发人员先在仿真中训练机器人，然后在现实世界中测试，测试中收集到的数据被用来改进仿真环境，接着在改进后的仿真环境中继续训练。通过这种循环，最终实现了高成功率的现实世界抓取任务。

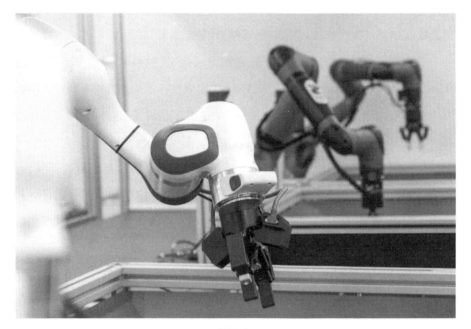

图 6-2

这些核心技术共同构成了 Sim-to-Real 的技术体系：高保真度仿真为我们提供了接近现实的虚拟环境；域随机化帮助我们训练出稳健性更强的模型；域适应技术帮助我们缩短仿真环境和现实环境之间的差距；而循环自我改进则让整个过程形成一个不断优化的闭环。这些技术相互配合、相互补充，共同推动着具身智能从虚拟走向现实的进程。

随着这些技术的不断发展和完善，我们离真正实现"虚实无间"的目标越来越近。在不久的将来，我们可能会看到更多在虚拟世界中训练、在现实世界中表现出色的智能系统，它们为我们的生活带来更多便利和可能性。

目前，Sim-to-Real 技术已经在多个领域展现出巨大潜力。

在机器人抓取领域，研究人员使用这项技术训练机器人学习识别各种物体并计算最佳抓取点，模拟触觉反馈让机器人能够处理柔软或易碎的物体，甚至学习操作布料、绳索等复杂物体。例如，UC Berkeley 的研究人员使用 Sim-to-Real 技术，训练出了能够折叠衣物的机器人。这项技术未来可能应用于家庭服务机器人，帮助我们完成日常家务。

在自主导航领域，机器人通过这项技术学习在复杂的室内环境中规划路径，在虚拟交通场景中学习驾驶技能，甚至学习应对风力、气流等复杂的空中环境。Waymo 就大量使用仿真技术来训练和测试其自动驾驶系统，如图 6-3 所示，大大加速了技术的发展。这项技术不仅可以应用于自动驾驶汽车，还可能用于室内导航机器人，如商场导购机器人或医院导诊机器人。

图 6-3

Sim-to-Real 技术还在改善机器人的人机交互能力。研究人员使用虚拟数据增强训练数据集来提升语音识别等能力，让机器人学习识别和回应人类的表情及语音，甚至在虚拟社交场景中学习复杂的社交技能。日本的 pepper 机器人就利用了类似的技术来提升其社交能力。这项技术可能在未来的教育辅助机器人或老年陪护机器人中得到广泛应用。

尽管 Sim-to-Real 技术取得了显著进展，但仍面临诸多问题。

如何在保证仿真精度的同时提高计算效率，是一个关键问题。研究人员正在探索多尺度仿真、可微分仿真和混合仿真等技术，试图在精度和效率之间找到平衡点。例如，多尺度仿真可以同时模拟宏观和微观物理现象，而可微分仿真则支持端到端的梯度优化，这些技术可能在未来的工业仿真或科学计算中发挥重要作用。

现实世界充满不确定性，如何应对不确定性是另一大问题。研究人员正在探索使用贝叶斯神经网络来捕捉模型的不确定性，使用对抗训练来增强策略的稳健性，以及使用开发风险感知强化学习算法来考虑现实世界的风险。这些技术可能在未来的自动驾驶系统或金融风险评估模型中得到应用。

理想情况下，我们希望机器人能够快速适应新环境，而无须大量训练。为此，研究人员正在开发元强化学习算法，让机器人能够快速适应新任务；设计模块化策略，让机器人能够组合已学习的基本技能来应对新情况；探索通用任务表示，实现跨域任务的统一描述。这些技术可能在未来的多功能家庭服务机器人或灵活的工业机器人中得到应用。

人类专家的知识如何融入 Sim-to-Real 技术的过程，也是一个重要研究方向。研究人员正在探索交互式仿真优化，让人类专家指导仿真改进；开发混合现实训练系统，实现虚拟环境与现实环境的无缝结合；设计人机共学习框架，实现人类示范与机器学习的协同。这种人机协作的方式可能对未来的教育、医疗或工程设计领域产生重大影响。

Sim-to-Real 技术的发展也带来了一系列伦理和社会问题。

在安全性方面，我们需要考虑仿真中可能忽视的极端情况，以及现实世界中可能发生的难以预料的"黑天鹅"事件。我们需要设计失效安全机制，确保即使在最坏的情况下，机器人也不会造成伤害。例如，自动驾驶汽车需要考虑各种极端天气或罕见交通状况，并设计相应的应急措施。

在隐私和数据伦理方面，我们需要平衡虚拟数据和真实数据的使用，在仿真中保护个人隐私，防止仿真数据被滥用。例如，在训练医疗人工智能时，如何在不泄露患者隐私的前提下，利用真实医疗数据来改进仿真模型，是一个需要慎重考虑的问题。

同时，我们还需要关注这项技术对就业和教育的影响。虚拟训练可能对传统培训行业造成冲击，但同时也会创造对仿真工程师、数据科学家等新兴职业的需求。教育体系需要及时调整，培养具备 Sim-to-Real 相关技能的人才。例如，未来的工程教育可能需要加大虚拟仿真、数据分析等课程的比例。

未来，Sim-to-Real 技术可能带来更加令人兴奋的发展。

数字孪生技术可能会得到广泛应用，为现实世界中的每个物体或系统创建完美的虚拟映射。这不仅可以用于工业生产的优化和预测性维护，还可能应用于城市规划、医疗诊断等领域。想象一下，未来的医生可能会先在患者的"数字孪生"上进行虚拟手术，然后在现实中操作。

在元宇宙中，我们可能会培育出高度智能的人工智能代理。这些人工智能代理不仅可以作为虚拟世界中的 NPC，还可能成为我们在虚拟世界中的数字助手或替身。它们可能帮助我们处理虚拟世界中的各种事务，甚至代表我们参加虚拟会议或社交活动。

混合现实训练可能会成为常态，结合真实感知和虚拟交互，创造更加逼真的训练环境。例如，未来的飞行员培训可能会在真实的驾驶舱中进行，但窗外的景象和各种极端情况都是通过 AR 技术模拟的。

甚至在星际探索领域，Sim-to-Real 技术可能会为远程操控和自主机器人提供仿真训练，助力人类探索宇宙。在我们向火星派遣探测器或宇航员之前，可能会先在地球上的虚拟火星环境中进行大量的模拟训练。

真实世界是最好的模拟器。Sim-to-Real 技术正在努力缩短虚拟与现实之间的差距，让机器人能够更好地适应复杂多变的现实世界。这项技术不仅改变了机器人学习和适应的方式，还为人工智能的发展开辟了一条新的道路。它让我们重新思考了现实与虚拟的界限，为人工智能的发展提供了一个全新的范式。

第 7 章　拜师学艺：
机器人的模仿与创新之旅

从形似到神似，机器在模仿中进化，在学习中升华。

在具身智能的研究领域，模仿学习成为机器人学习的一条重要途径。下面，让我们一起了解机器人的"学艺"之路，探索它们如何通过模仿学习掌握复杂技能，并最终实现创新突破。

传统的机器人编程方法就像是给机器人设定一套固定的规则，让它按部就班地执行任务。但是，这种方法在面对复杂、动态的环境时，往往会显得力不从心。想象一下，如果要编程实现一个机器人去打篮球，我们需要考虑很多的因素：球的弹性、空气阻力、人体力学……编写这样一个程序将是一项极其复杂和耗时的工作。更不用说，这个程序也难以应对赛场上瞬息万变的情况。

相比之下，人类学习新技能的方式则更加高效和灵活。我们往往通过观察他人的示范，然后反复练习掌握一项新的技能。这个过程就是模仿学习。对于机器人来说，模仿学习有三大优势：首先，它可以让机器人快速获得复杂的技能，而无须手工编写大量的程序；其次，通过模仿学习获得的技能具有很强的适应性，可以迁移到新的任务中；最后，模仿学习可以大大减少人工编程的工作量，提高开发效率。

但模仿学习并不是机器人学习的终点。就像人类一样，模仿只是创新的起点。通过模仿，机器人可以快速积累知识和经验，但真正的智能需要在此基础上实现突破和创新。就像学徒开始时需要通过模仿师傅来掌握基本功，但要成为大师，还需要在实践中不断探索和创新。这就像机器人从模仿到创新的进化之路。

针对机器人的模仿学习，研究者们开发了一系列核心技术，使机器人能够高效地向人类或其他智能体学习。

行为克隆是一种直接而简单的模仿学习方法，就像学徒在师傅身边学艺一样，机器人直接从示范数据中学习如何执行任务。具体来说，研究者首先收集一组高质量的示范数据，包括任务执行过程中的状态信息（如机器人的姿态、环境的状况等）和相应的动作指令。然后，他们使用监督学习的方法，训练模型来学习从状态到动作的映射关系。这个过程就像是在教机器人：如果看到这样的情况，就应该采取这样的行动。通过这种直接模仿，机器人可以学习到执行任务的基本策略。

行为克隆已经在许多领域取得了成功，如自动驾驶汽车。研究人员让人类驾驶员在各种道路条件下驾驶汽车，同时记录下汽车的传感器数据和驾驶员的操作。然后，他们用这些数据训练深度神经网络，使其能够根据传感器输入预测驾驶员的操作。经过训练，这个网络就可以自动驾驶汽车了。类似地，行为克隆也被用于训练机器人执行各种操作任务，如抓取、组装等。

但是，行为克隆也有局限。它要求示范数据的质量非常高，能够覆盖各种可能的情况。如果示范数据不完整或有偏差，学习到的策略其稳健性可能就不强。此外，行为克隆学习到的是固定的映射关系，无法根据新的情况进行调整。为了突破这些局限，研究者们提出了更高级的模仿学习技术。

其中之一就是逆强化学习。这项技术的灵感来自心理学中的一个观点：人们的行为往往是由其内在的目标和偏好驱动的。例如，一个高尔夫球选手之所以能够做出完美的挥杆动作，是因为他有一个内在的奖励函数，使他在每次挥杆时都试图最大化球的飞行距离和准确性。我们如果能够推断出这个内在的奖励函数，那么就可以理解他的行为策略，甚至可以制定类似的策略。

逆强化学习就是用于从示范数据中推断出这种内在的奖励函数。具体来说，给定一组示范轨迹（"状态－动作"序列），逆强化学习算法会寻找一个奖励函数，使得示范轨迹在这个奖励函数下是最优的（累积奖励最大）。通过这种方式，我们可以发现示范者的内在目标，而不仅仅是模仿他的表面行为。

一旦学习到了奖励函数，我们就可以用强化学习的方法来优化策略，生成与示范行为相似的行为。与行为克隆不同，基于逆强化学习的策略可以根据新的情况进行调整，因为它学习到的是目标，而不是固定的行为模式。这使得逆强化学习特别适合处理复杂和变化的环境。

例如，在机器人运动规划中，我们可以通过逆强化学习来推断人类操作者的目标。假设我们观察到一个人控制机械臂移动物体。通过分析他的操作轨迹，我们可以推断出他的目标可能是尽量减少运动时间，同时避免物体与障碍物碰撞。一旦识别出这个目标，我们就可以用运动规划算法来生成类似的轨迹。这种方法可以大大简化机器人运动规划的设计过程。

近年来，研究者们还将 GAN 的思想引入模仿学习中，提出了生成对抗模仿学习的方法。这种方法利用了 GAN 中的博弈思想，通过两个神经网络的对抗来学习策略。

具体来说，一个称为生成器的神经网络负责生成行为策略，它的目标是生成与示范数据尽可能相似的行为轨迹。另一个称为判别器的神经网络则负责区分生成的轨迹和真实的示范轨迹。生成器试图欺骗判别器，而判别器试图不被欺骗。通过这种博弈，生成器可以不断改进，最终生成与示范数据几乎无法区分的行为轨迹。

这个过程有点像艺术品造假者和鉴定专家的博弈。造假者（生成器）试图创作出与真迹（示范数据）尽可能相似的作品，而鉴定专家（判别器）则试图辨别真伪。通过不断地对抗，造假者的技艺会越来越精湛，最终创作出几乎以假乱真的作品。

生成对抗模仿学习结合了 GAN 的表示能力和强化学习的决策能力，可以学习到复杂的行为策略。例如，在机器人操作领域，研究者们用这种方法训练机器人学习各种复杂的操作技能，如开瓶盖、插 USB 线等。通过与人类示范数据的对抗，机器人可以学习到与人类的操作几乎无法区分的流畅操作。这种方法也被用于生成逼真的人体运动动画，如舞蹈动画、武术动画等。

以上这些方法都是针对特定任务的模仿学习。但在现实世界中，机器人往往需要面对各种不同的任务和环境。每次都从头学习新任务是非常低效的。理想情况下，我们希望机器人能够像人类一样，掌握学习的能力，快速适应新的任务。这就引出了元学习的概念。

元学习，或者称为"学会学习"，是一种旨在学习学习算法本身的方法。它的目标不是掌握某个具体的任务，而是掌握如何快速学习新任务的能力。用模仿学习的术语来说，元学习试图学习一个通用的模仿学习算法，使其能够在给定少量示范的情况下，快速学习新的任务。

具体来说，元学习通常包括两个层次：内循环和外循环。在内循环中，学习器从一个新任务的少量示范数据中学习该任务的策略。在外循环中，学习器从多个任务中学习如何更新自己的内循环学习算法，使其能更好地适应新任务。通过这种嵌套的学习过程，学习器可以逐渐提高其学习新任务的能力。

例如，在机器人操作领域，研究者用元学习的方法训练机器人学习各种操作技能。在训练过程中，机器人面对一系列不同的任务，如抓取不同形状的物体、开关不同类型的门把手等。对于每个任务，机器人都会获得一些人类示范数据。机器人的目标是学习一个通用的学习算法，使其能够从这些示范数据中快速学习每个任务的策略。经过训练，这个学习算法可以适应各种新的任务，即使是在训练中没有遇到过的任务。

元学习在实现 AGI 的过程中发挥了重要作用。它使机器人不仅能够学习特定的技能，还能够学习如何学习，这是一种更高层次的智能。通过元学习，我们可以训练出通用的模仿学习系统，使其能够像人类一样，快速适应新的环境和任务。

当然，模仿学习还有许多其他的技术和方法，如逆动力学模仿、交互式模仿学习等。这些方法用于从不同的角度解决模仿学习中的问题，如怎样从视觉观察中学习动作，怎样通过与人类的交互来学习等。随着研究的不断深入，我们有望看到更多创新的模仿学习技术出现，推动机器人智能的发展。

机器人的老师傅可以有很多种。最直接的就是人类专家。人类专家可以直接现场为机器人演示如何执行任务，机器人通过传感器记录下状态和动作数据，然后离线学习。但有时，专家可能无法与机器人直接互动。这时，我们可以利用 VR（Virtual Reality，虚拟现实）或 AR 技术，让人类专家通过远程操作的方式来示范。机器人还可以通过观看视频来学习，就像我们人类可以通过教学视频来学习一样。

机器人之间也可以互相学习。在一个机器人集群中，某个机器人学会了新技能后，可以将这个技能传授给其他机器人。研究者们还提出了"云机器人"的概念，多个机器人可以共享一个云端知识库，互相学习对方的经验。更有挑战性的是跨平台技能迁移，即不同结构、不同形态的机器人之间互相模仿和学习。

除了向真实世界的人类专家学习外，机器人还可以在虚拟世界中向虚拟智能体学习。在一个仿真环境中，我们可以创建大量的虚拟机器人，让它们不断地练习和学习。这些虚拟机器人可以执行一些示范，作为机器人学习的目标。研究者们还提出了混合现实学习的方法，将虚拟示范与真实环境中的实践结合起来，让机器人在安全的虚拟环境中学习，然后将所学应用到现实世界中。

自然界也是机器人的重要师傅。仿生学研究如何模仿动物的运动和行为，例如蛇形机器人模仿蛇的运动方式，四足机器人模仿猎豹的奔跑。群体智能的研究则关注如何模仿蚁群、蜂群等动物集群的行为，实现机器人集群的协同和自组织。进化算法则模拟自然选择的过程，让一群机器人不断尝试、评估和改进，最终得到最优的策略。

模仿学习只是机器人成长的起点。这就像一个出色的学徒要成为大师，必须在模仿的基础上实现创新。这个过程可以分为以下几个阶段。

首先是技能泛化。机器人需要学会将学习到的技能应用到新的任务和环境中。例如，一个机器人学会了用一把螺丝刀拧螺丝，那么它应该也能用一把新的、没见过的螺丝刀来完成任务。这需要机器人理解任务的本质，而不是死记硬背特定的操作步骤。

然后是技能组合与迁移。复杂的任务涉及的技能往往可以分解为多个简单的基本技能。如果机器人掌握了这些基本技能，就可以灵活地组合它们，完成新的任务。例如，家庭服务机器人可能需要掌握抓取、导航、清洁等多种基本技能，然后根据具体的家务需求，灵活地组合这些技能。机器人还可以尝试将一个领域学到的技能迁移到另一个领域，比如将装配线上学到的精密操作技能，迁移到家庭环境中。

在掌握了基本技能后，机器人可以开始尝试创新性问题解决。这需要机器人在模仿的基础上，进行探索性的尝试，提出新的解决方案。例如，一个机器人学会了用锤子敲钉子，那么当我们给它一块木板和一把螺丝刀时，它是否能想出用螺丝刀的把手来敲钉子的方法呢？这需要机器人进行类比推理，将已有的经验应用到新的问题情境中。

最终，我们希望机器人能够实现自主学习和持续进化。这需要机器人拥有内在的好奇心和学习动机，主动地探索环境，发现新的问题和挑战。当机器人意识到自己的知识和技能存在不足时，它应该主动寻求学习的机会，请求人类或其他机器人提供示范和指导。通过不断的学习和进化，机器人将能够持续地适应新的任务和环境，变得越来越智能。

尽管模仿学习取得了长足的进展，但在实现真正智能和自主的机器人方面，仍然存在诸多挑战。

其中一个关键挑战是数据效率。人类往往只需要通过少量的示范就能学会一项新技能，但机器人通常需要大量的数据来训练模仿学习模型，从而学习新技能。为了提高学习效率，研究者们正在探索少样本学习的方法，希望机器人能够从有限的示范中快速掌握技能。同时，他们也在研究数据增强的技术，从现有的示范数据中生成更多的训练样本。一些研究者还提出了主动学习的思路，让机器人主动向人类请求示范，以获取有价值的学习数据。

另一个挑战是安全性和稳健性。在模仿学习的过程中，我们需要确保机器人的探索行为是安全的，不会对自己或环境造成损害。同时，机器人也需要能够应对一些错误或恶意的示范，不被误导。研究者们正在开发一些技术，如安全探索算法、对抗训练等，增强模仿学习的安全性和稳健性。此外，机器人还需要有自我认知的能力，知道自己的能力边界在哪里，什么时候应该模仿，什么时候应该创新。

模仿学习还需要扩展到更多的模态和领域。除了视觉和运动信息外，机器人还可以利用语言指令、触觉反馈等多种信息来学习。例如，研究者们正在探索语言引导的模仿学习，让机器人能够理解自然语言指令，并将其转化为行动。触觉感知在许多精细操作任务中起着关键作用，如何将触觉信息纳入模仿学习，是一个有趣的研究方向。

最后，模仿学习还需要考虑社会因素。当机器人与人类共处时，它不仅需要学习任务本身，还需要理解人类的意图、情绪和社会规范。例如，家庭服务机器人在执行任务时，需要考虑家庭成员的喜好和习惯，避免打扰他们的生活。这需要机器人具备一定的社交智能，能够理解和适应不同的社会情境。

第 8 章 不拘一格，跳出樊笼：机器人的自主学习之路

> 每一次跌倒，都是机器迈向智慧的阶梯。

提到人工智能，很多人首先想到的可能是国际象棋大师"深蓝"、围棋天才 AlphaGo，如图 8-1 所示。它们以超人的计算能力和精准的决策力而闻名，曾经击败了人类顶尖棋手。但你可能不知道，AlphaGo 在其成长过程中，其实经历了一次重大的范式转变——从"神童"到"学霸"的转变。

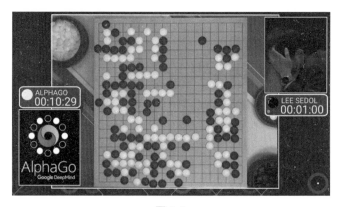

图 8-1

早期的 AlphaGo 主要依靠人类专家的棋谱来学习，就像围棋初学者通过模仿大师的招式来快速成长。但这种学习方式有其局限性，因为通过它只能学到有限的、显式的知识。真正的突破发生在 AlphaGo 开始自主学习之后。通

过不断与自己对弈，AlphaGo 在错综复杂的对局中探索，在惨痛的失败中总结，在持续的迭代中进化，最终超越了人类的认知边界，创造出了全新的棋风和战略。这种自主学习能力让 AlphaGo 从一个"神童"变成了真正的"学霸"。

AlphaGo 的转变反映了人工智能发展的一个重要趋势——从刚性智能到柔性智能的跃迁。传统的人工智能系统大多依赖预设的规则和程序，擅长在特定领域快速精准地解决问题，而具备自主学习能力的智能系统则能够主动探索未知，从经验中归纳总结，不断更新自己的认知模型。

那么，自主学习的奥秘是什么？我们不妨从人类的学习中寻找灵感。孩子天生具有探索世界的好奇心，会主动尝试各种新鲜事物，这种内在的学习动机驱动着他不断认识世界、改造世界。富有创造力的科学家永远不满足于现有的理论和方法。他们会打破常规，提出新颖的假设，通过实验来验证或修正自己的想法。这种勇于质疑、敢于创新的精神，推动着人类认知的不断进步。由此可见，自主学习的关键在于个体强大的内驱力、好奇心和创造力。这也正是我们在设计具身智能机器人时，所要赋予它们的宝贵品质。

要让机器像人一样自主学习，需要从多个方面入手。首先，机器要能够主动探索环境，自我驱动地搜集信息。这就像有好奇心的孩子会主动提出问题，寻找答案一样。但与人不同的是，机器需要自主地生成探索的目标和计划。这可以通过各种内在动机机制来实现，如对新奇事物的敏感度、对未知的不确定性的追求等。同时，机器还要敢于尝试，通过试错来积累经验，就像爱迪生改进白炽灯时失败上千次一样。当然，机器也要学会平衡探索和利用，既要勇于尝试新的可能，也要善于利用已有的知识，避免重复犯同样的错误。

其次，机器要能够自我监督，从海量的无标注数据中自主地提取有价值的模式和知识。这就像矿工要从原矿中淘洗出金子一样。机器可以运用各种数据挖掘算法，从数据中发现关联规则、频繁模式等，用这些"金子"来丰富自己的知识库。同时，机器还要学会表征学习，自主地构建对原始数据的高层次、抽象化的表示，用更简洁、更高效的特征来描述复杂的世界。此外，机器还可以运用知识蒸馏等技术，从训练好的大型模型中提炼出精华，形成更为紧凑、泛化性更强的知识表示。

再次，机器要能够持续学习，在新的数据和任务到来时，及时更新和扩充自己的知识库。这就像博学的学者要与时俱进，终身学习。机器要具备增量学习的能力，能够在新数据到来时快速吸收和融合，而不是推倒重来、从零开始。同时，机器还要能够进行跨任务、跨领域的知识迁移，把在一个领域学到的知识应用到另一个领域，实现知识的复用和扩展。当然，机器也要学会遗忘，动态地更新自己的知识库，淘汰过时的、无用的知识，为新知识腾出空间。这就像人的记忆系统，会自动地遗忘不重要的细节，保留最本质、最重要的东西。

最后，机器要能够学会如何学习，掌握自主学习的元认知能力。这就像学习者不仅要学习知识本身，还要总结学习的规律和方法。机器可以通过元学习，优化自身的学习策略和超参数，找到最适合自己的学习方式。同时，机器还可以运用迁移学习，提取出不同任务的共性，形成通用的学习范式。此外，机器还要具备少样本学习的能力，能够从极少的经验中快速掌握新技能，避免过度依赖大规模数据。这种学习的学习能力是机器走向 AGI 的关键。

在具身智能的视角下，自主学习有了新的内涵。不同于传统人工智能的"非具身"学习，具身智能强调通过身体与环境的交互来学习。这种学习是一个动态的、循环反馈的过程。

具身机器人首先要通过主动感知，探索性地从环境中获取信息。它会根据好奇心指标，自主地选择观测对象和角度，尽可能多地收集有价值的数据。同时，它还要根据当前的知识状态，采取最优的行动策略，主动创造学习机会。在这个过程中，机器人逐步建立起环境的因果模型，理解自己的行为会带来怎样的后果，不断完善和更新自己的认知。

　　具身机器人还要从自身的本体感受中学习。它要像婴儿一样，通过触摸、抓握等身体探索，逐步建立起自我身体的图式。它要学会表达自己的运动意图，将思维中的目标转化为肢体的协调运作。同时，它还要善于观察他人，通过模仿学习来掌握复杂的运动技能。这种镜像学习机制使机器人能够将他人的经验内化为自身的本领。可以说，身体感知为机器人的自主学习提供了丰富的信息来源和学习机制。

　　此外，具身机器人还要像人一样，拥有情感和社交的能力。内在的情感，如好奇心、成就感等，可以成为机器人自主学习的重要驱动力。同时，机器人还要学会换位思考，通过同理心来理解他人的需求和意图。在与人的交互中，机器人还可以通过师徒式的学习，向人类学习知识和技能。情感和社交智能使机器人成为富有人性的学习者。

　　最后，具身机器人还要像人一样，掌握语言和符号推理的高级认知技能。它要能够像婴儿一样习得语言，理解语言的语法和语义规则。它还要能够形成抽象的概念，对事物进行归类和比较。同时，它还要学会运用符号逻辑，对事物之间的因果关系进行推理。这些高级认知能力的获得，标志着具身机器人向"人级智能"迈出了关键一步。

　　自主学习的实现需要多种学习范式的协同。每一种范式都为机器人的智能进化提供了重要的驱动力。

　　基于好奇心的内在动机学习是自主学习的重要引擎。机器人要像婴儿一样，对新奇事物充满好奇和探索欲。它会对未知环境中的信息差异特别敏感，主动接近复杂度适中、不确定性较强的对象和区域。这种好奇心驱动的学习使机器人不断扩展自己的知识边界。

　　基于预测误差的无监督学习是自主学习的一个重要机制。机器人要学会建立前向模型，预测当前行为在未来可能产生的后果。然后，它要将实际感知到的反馈，与预测结果进行比较，计算出预测的误差。这个误差会驱动机器人修正自己的内部模型，使其更准确地反映现实世界的规律。通过这种不断的预测、比较、修正，机器人的认知模型变得越来越精准和完善。

基于模仿学习的师徒式学习使机器人能够向他人学习。机器人可以通过观察人类导师的示范，快速掌握复杂任务的关键技能。然后，它还要通过反复的实践和模仿，将技能内化为自身的本领。同时，机器人还要善于利用他人的反馈，根据评价意见来改进自己的表现。这种师徒式的社会化学习，大大加速了机器人的成长。

基于强化学习的自主决策，则赋予了机器人目标导向的行为能力。面对一个任务，机器人要学会评估当前状态的优劣，权衡不同行动可能带来的长期回报。然后，它要做出最有利于目标达成的行动选择。同时，它还要根据环境的反馈，不断调整自己的决策策略，使其能够适应动态变化的世界。这种自主决策能力使机器人成为善于规划、敢于担当的行动者。

自主学习虽然充满潜力，但也面临诸多问题。首先是样本复杂性问题。现实世界的数据是高度非结构化、动态变化的，远比实验室的数据集复杂。机器人需要从这些繁杂的数据中提取有价值的信息，建立具有稳健性、泛化能力的认知模型。这对机器人的学习算法提出了更高的要求。

其次是因果关系的建立问题。自主学习的一个关键目标是理解行为与后果之间的内在联系。但在实际环境中，因果关系往往被各种干扰因素掩盖，很难直接从数据中挖掘出来。机器人需要通过主动的实验和探索，发现和验证因果规律。这个过程往往需要较长的时间和较高的成本。

再次是知识的迁移和泛化问题。机器人在一个任务或领域学到的知识，往往难以直接应用到另一个任务或领域。如何提取知识的共性，实现跨情境、跨领域的知识复用，是一大问题。这需要机器人掌握更高层次的抽象和类比能力。

此外，自主学习还面临安全性和伦理的问题。在自主探索的过程中，机器人难免会遇到失败和错误。如何避免探索性学习给自身或环境带来过大的风险，是一个需要考虑的问题。同时，机器人的自主学习行为也可能带来一些伦理问题。如何约束和引导机器人的学习，使其符合人类的价值观和道德规范，也是一个亟待解决的难题。

尽管问题重重，但自主学习仍然代表通向智能未来的希望。展望未来，自主学习将在多个方面推动人工智能的发展。

首先，自主学习将促进人机协同，开创混合增强智能的新局面。未来，机器将通过自主学习，不断提升自身的认知和决策能力，成为人类智能的有力补充。人类也将利用机器的自主学习能力，扩展自身的认知边界。人机协同将碰撞出更加灿烂的智慧火花。

其次，自主学习将推动群体智能的涌现。多个智能体通过自主学习，不断积累和共享知识，在相互交流、协作与博弈中，将涌现出超越单个个体的群体智能。这种群体智能将在诸如交通调度、城市规划、生态治理等复杂系统问题上，发挥独特的作用。

再次，自主学习的发展离不开开放、共享的生态环境。我们需要建设良性的自主学习生态，让数据、算力、场景等关键要素实现开放共享，让更多的研究者和开发者参与进来，共同推动自主学习技术的进步。开放、包容的环境将最大限度地激发自主学习的潜力。

同时，自主学习的"腾飞"还有赖于理论认知的根本突破。我们需要从认知科学、神经科学等多个学科汲取营养，从计算、统计、逻辑等多个角度出发，探索自主学习背后的基本规律和本质原理。只有深厚的理论基础，才能支撑自主学习技术的长足发展。

最后，自主学习技术的进步必将引领教育、医疗、制造等行业的智能化变革。面向未来，我们要加快自主学习在各领域的应用探索，让智能技术走出实验室，走进千家万户。从智能教育助手到自主诊断系统，从智能生产调度到自适应交通管控，自主学习必将在各行各业掀起新一轮智能革命的浪潮。

第9章　心有灵犀一点通：
具身智能中的情感计算

> 一颦一笑皆数据，喜怒哀乐寄机器。

　　你是否曾被一部电影深深打动，为角色的悲欢离合潸然泪下？你是否曾与好友促膝长谈，在心灵的碰撞中感受彼此的喜怒哀乐？情感正是我们人类智能的精髓。它润色我们的记忆，塑造我们的个性，连接我们的心灵。而在人工智能的发展历程中，情感却常常被忽视。传统的人工智能系统擅长理性计算和逻辑推理，但在情感理解和表达上显得迟钝而生硬。这种情感缺失成为人工智能走向通用智能的一大障碍。

　　但是，随着具身智能的兴起，情感重新回到了人工智能的视野。具身智能认为，智能来自身体与环境的交互，而情感正是这种交互的重要媒介和产物。在具身智能看来，要让机器获得真正的智能，必须赋予它们识别、理解、表达和响应情感的能力。这就是情感计算的使命。让我们一起走进情感计算的世界，看看具身智能如何让机器读懂人心，迈向情感智能的未来。

　　情感不是理性的对立面，而是与理性互补、交织的心智能力。从进化的角度看，情感是生物适应环境的产物。恐惧让我们远离危险，愤怒让我们抵御侵犯，爱让我们亲近同伴。情感为我们的生存和繁衍提供了重要的动力和指引。

　　在个体的心智活动中，情感也扮演着不可或缺的角色。它参与认知加工的全过程，调整注意力的分配，影响记忆的编码和提取，引导决策和问题解决。积极的情感如喜悦、兴趣等，能够拓宽我们的思路，培养我们的创造力；而消极的情感如悲伤、愤怒等，则能帮助我们聚焦问题，激励我们奋发向上。可以说，没有情感的参与，我们的认知将失去动力和方向。

情感还是我们社会交往的重要润滑剂。我们通过情感表达传递自己的需求和意图，通过情感感知理解他人的想法和心情。在情感的交流中，我们建立信任，化解冲突，增进感情。家庭、友谊、爱情等社会关系，都是在情感的土壤中"生根发芽"的。

然而，传统的人工智能系统却常常忽视情感的作用。它擅长快速准确地处理结构化的数据和知识，在特定领域取得了超人的成就，如"深蓝"击败国际象棋冠军、"沃森"赢得智力问答比赛等。但是，面对涉及情感的任务，如理解一句话的弦外之音、安抚一个伤心的孩子等，传统的人工智能系统却往往束手无策。

情感计算正是为了跨越这道鸿沟而生的。它的目标是赋予机器识别、理解、表达和响应情感的能力，让机器能够像人一样去感知和交流情感。这里的"计算"并不局限于数字计算，而是泛指一切可赋予机器情感能力的方法和技术。

具体来说，情感计算可以分为 4 个层次：情感识别、情感理解、情感生成和情感表达。情感识别是指从人类的面部表情、语音语调、肢体动作、生理信号等外部线索中，准确提取情感信息。例如，通过分析人的微表情，可以发现一个微笑背后隐藏的悲伤。情感理解是指在识别情感的基础上，进一步推断情感产生的原因、目的、对象等背景信息。例如，一个人面露愁容，可能是因为工作不顺，也可能是因为家庭纠纷，机器需要结合语境线索来判断。情感生成是指根据当前的环境状态和目标需求，自主产生适当的情感状态。例如，当用户连续犯错时，机器要能及时表现出鼓励和耐心。情感表达则是指以自然、得体的方式向外界展示自己的情感状态。例如，机器可以通过语气、表情、动作等多种方式，传达自己的喜怒哀乐。

在理论层面，情感计算主要有 3 种视角。认知理论认为，情感是个体对环境和自身状态进行评价的结果。例如，当我们达成目标时，会产生喜悦；当我们受到伤害时，会产生愤怒。这提示我们，情感计算需要机器对世界的评价体系。维度理论则认为，情感可以归结为几个基本维度的组合，如愉悦－不愉悦、兴奋－平静等。每一种情感都可以用这些维度的不同组合来表示。这启发我们，可以用连续的向量空间来刻画情感。离散理论则把情感视为一系列独立的状态，如高兴、悲伤、惊讶等。每一种情感状态都有特定的触发条件和表现形式。这提示我们，情感计算需要对不同情感状态进行的精细建模。

在具身智能看来，情感不是大脑内的抽象符号，而是融入身体、嵌于环境的具身体验。我们的情感体验从来不是大脑中孤立的事件，而是由身心交互、主客互构的过程。因此，具身智能为情感计算开辟了新的路径。

首先，身体感知与情感体验密不可分。我们的内部器官和肌肉的感觉，如心跳加速、肌肉紧张等，往往与特定的情感相伴。这种本体感受是情感体验的重要来源。同时，我们的面部表情也与情感体验相互影响。微笑时，我们会感到愉悦；愁眉时，我们会感到沮丧。此外，我们的身体姿态和动作方式，也能影响我们的情绪体验。挺胸抬头时，我们会感到自信；蜷缩低头时，我们会感到消沉。这启发我们，情感计算要关注机器人的身体状态和运动模式，用身体感知来塑造其情感体验。

其次，情感与认知的关系也远比传统认知主义所设想的紧密。情感不是认知的附庸，而是认知的组织者和调节者。在直觉决策中，情感常常先于理性做出判断，引导我们快速做出反应。在记忆过程中，情感能够调节记忆的编码和提取，我们往往对情绪化事件的记忆更深刻。在创造力任务中，积极的情绪能够激活发散性思维，帮助我们跳出固有思路。这提示我们，情感计算不能脱离认知过程独立进行，而要考虑两者的交互和融合。

再次，情感还深深地嵌在社会互动之中。我们不是独立的情感个体，而是在与他人的交流中感受和塑造彼此的情感。移情作用让我们能够设身处地感知和理解他人的情感状态。情感互动让我们通过表情、语调等方式感染和调节彼此的情绪。在与他人的情感交流中，我们还可习得社交的技能和规范。这启发我们，情感计算要将机器人置于社会互动的语境，在与人的交互中学习和表达情感。

最后，具身智能还强调情感计算的多模态性。我们的情感从来不是单一通道的信息，而是融合了面部、语音、肢体、生理等多个模态的信息。面部微表情传递着情感的细微变化，语音韵律和语调蕴含着丰富的情感信息，生理信号（如心率、皮电等）也能反映我们的情感状态。只有综合多通道信息，才能准确、全面地把握人的情感状态。这启发我们，要发展多模态的情感计算模型，融合不同通道的信息，提升情感理解的准确性和稳健性。

情感计算的进步正在为人机交互、客户服务和营销、社交网络分析等领域带来革命性的变化。

在人机交互领域，情感计算让机器能够理解用户的情感需求，提供更加自然、贴心的交互体验。例如，情感对话系统可以通过分析用户的语言、语调，判断其情绪状态，给出恰到好处的回应，营造亲切、温暖的交互氛围。情感教育助手可以扮演情感导师的角色，引导儿童识别和管理自己的情绪，培养他们的情商。在医疗康复中，情感辅助系统可以通过监测患者的情绪变化，及时给出安抚和鼓励，帮助患者缓解负面情绪，促进康复进程。

在客户服务和营销领域，情感计算让企业能够更好地洞察和满足客户的情感需求。例如，智能客服系统可以通过分析客户的语言、语气，实时监测其满意度和情绪状态，及时预警客户流失风险，为客户提供个性化安抚。情感推荐系统可以根据用户当前的情绪状态，推荐恰到好处的内容和产品，提升用户体验。广告情感分析可以自动评估广告视频的情感效果，优化广告投放策略，提升广告转化率。

在社交网络分析领域，情感计算让我们能够更好地把握社会情感动态，洞悉舆论走向。例如，社交媒体情感分析可以实时追踪网民在重大事件中的情感变化，揭示不同群体的情感分歧，预警负面情绪的集中爆发。舆情监测系统可以自动发现热点事件中的情感倾向，跟踪正负面情绪的演化，为舆情引导提供依据。群体情感模拟还可以建模分析群体情感在社交网络中的传播、演化规律，深入理解社会心理和行为。

尽管情感计算取得了长足进展，但要真正实现具身智能中的情感交互，仍然面临诸多技术和伦理挑战。

首先，缺乏大规模、高质量的情感标注数据是情感计算发展的瓶颈。情感标注需要大量人力且受主观性影响大，不同标注者之间的一致性较低。如何开发高效、客观的情感标注方法，获取海量的情感数据，是当前亟待解决的难题。

其次，个体在情感表达方式上存在巨大差异。有的人活泼，有的人内敛；有的人粗心，有的人细腻。同一种情感在不同人的身上可能有截然不同的表现。如何建模个体差异，提升情感识别的泛化能力，是一大挑战。

再次，情感语义高度依赖语境。同一个笑容在不同情境下可能代表完全不同的情感。一句"太好了"可能是由衷的赞美，也可能是反讽的调侃。脱离语境的情感分析，往往令人难以准确把握其言外之意。如何有效建模和利用语境信息，提升情感理解的准确性，是情感计算亟待解决的难题。

此外，情感数据的采集和应用还涉及隐私和伦理风险。用户的情感状态属于敏感的个人数据，过度采集和滥用情感数据，会侵犯用户隐私，引发伦理问题。如何在合法合规的前提下开展情感计算研究，平衡创新与隐私、技术与伦理，是我们必须慎重对待的问题。

最后，情感生成的质量与体验仍有较大的提升空间。目前的情感生成系统在自然性、合理性方面还存在不足，生成的情感反应往往不够连贯、得体，影响用户体验。如何生成更加自然、贴切的情感互动，让人机交互更富人情味，是情感计算的终极目标之一。

未来，情感计算将与多个前沿技术融合，不断扩展情感交互的新境界。

脑机接口技术的进步将让机器能够直接读取大脑的情感信号，实现更加准确、实时的情感识别。反过来，我们也可以通过脑机接口向大脑传递情感信号，实现情感的直接调控。这种情感脑机接口将开启人机情感交互的新纪元。

在多智能体协同的背景下，群体情感智能将成为未来的研究热点。多个智能体在交互中会涌现出群体层面的情感动态，展现出远超个体的复杂性。理解和调控群体情感，对于构建和谐的人机社会具有重要意义。

随着全球化的深入，跨文化情感交互也将成为情感计算的新挑战。不同文化背景下，人们的情感表达方式差异巨大。如何突破文化"藩篱"，实现一套情感计算模型适用于不同文化，将是未来的重要课题。

VR 和 AR 技术的发展，也将为情感计算开辟新的应用空间。我们可以利用 VR/AR 技术，构建沉浸式的情感交互场景，让用户获得更加真实、丰富的情感体验。用户的情感数据也可以反过来指导虚拟场景的生成，实现更加个性化、动态化的情感交互。

最后，随着情感机器人走进千家万户，其行为的伦理问题将日益凸显。我们需要建立一套情感机器人伦理规范体系，明确其在情感交互中的行为边界，避免其过度介入或误导人类的情感。同时，我们还要重视情感机器人的情感教育，引导其形成正确的情感价值观，成长为有益于人类身心健康的情感伙伴。

第 10 章 语言、视觉与身体：
大模型如何赋能具身智能

> 倘若语言是思想的边界，那身体便是智能的疆域。

　　近年来，以 ChatGPT 为代表的大语言模型可谓人工智能领域的一颗新星。它们通过海量语料的预训练，掌握了强大的语言理解和生成能力。你可以与它们进行流畅的对话，它们能够理解你的意图，并给出恰如其分的回应。更令人惊叹的是，它们还能完成写作、翻译、问答等各种语言任务，仿佛一位博学的专家。

　　那么，什么是大语言模型呢？简单来说，它是一种基于深度学习的语言模型，通过在大规模语料库上进行预训练，学习语言的统计规律和语义表示。与传统的语言模型不同，大语言模型通常拥有数亿、数十亿甚至上万亿的参数，能够捕捉语言中的深层次语义关系。

　　大语言模型的强大之处在于其出色的语言理解和生成能力。传统的自然语言处理系统往往针对特定任务设计，如情感分析、命名实体识别等，难以应对复杂、多变的语言场景。而大语言模型通过学习语言的内在规律，具备一定的语言泛化能力。它们能够理解词语的多义性、语句的歧义性，能够根据上下文推断单词的含义，生成连贯、流畅的文本。这使得它们能够在多种语言任务上取得优异的表现，激发 AGI 的潜力。

　　除了语言理解和生成外，一些大语言模型还展现出惊人的知识获取和推理能力。以 GPT-3 为例，它在预训练过程中学习了海量的事实性知识，如历史事件、科学常识、地理信息等。这些知识不是它简单地死记硬背获取的，而是以语义表示的形式内化于模型的。当你问及一个知识点时，它能够从语义记忆中检索相关信息，并以自然语言的形式表达出来。更令人惊叹的是，它还能够利用已有知识进行推理，回答一些需要逻辑分析的复杂问题。这种能力的突破，让我们看到了语言模型向知识模型、推理模型进化的无限可能。

但大语言模型的魅力远不止于此。多模态模型，如 CLIP、DALL·E 等，正在打破语言与视觉的壁垒。它们能够理解图像中的内容，并用自然语言描述它，甚至根据文字指令生成逼真的图像。这意味着，机器不仅能读懂文字，还能看懂世界，这为人机交互提供了无限可能。

多模态模型的意义在于，它为机器赋予了一种近乎人类的感知和理解能力。我们人类之所以智能，很大程度上是因为我们能够统一处理来自不同感官的信息，并在不同模态之间进行转换和联想。我们能够用语言描述看到的画面，也能根据语言指令在大脑中想象一个场景。多模态模型正是对这种能力的初步模拟。它们打破了语言与视觉的边界，让机器能够像人一样理解这个多元、多彩的世界并与之交互。

当然，目前的多模态模型还处于起步阶段，它们在理解抽象概念、进行常识推理等方面还有很大的提升空间。但它们代表人工智能发展的一个重要方向，那就是通过多模态学习，构建更加全面、更加贴近人类认知的机器智能。可以想象，未来的智能系统不仅能听懂我们的话，还能读懂我们的表情，甚至能感知我们的情绪。它们将以更加自然、更加人性化的方式与我们互动，成为我们生活中不可或缺的伙伴。

大语言模型和多模态模型的强大能力，为具身智能的实现开辟了广阔的空间。它们不仅提升了智能系统的语言理解和生成能力，还赋予了机器多感官感知和推理的潜力。当这些先进的人工智能模型与机器人技术相结合，一个全新的具身智能时代即将到来。

首先，大语言模型让机器人拥有了理解复杂语言指令的能力。在传统的机器人系统中，人们通常需要使用特定的编程语言或简单的语音命令来控制机器人。这对于普通用户来说存在一定的门槛，限制了机器人的使用场景和人群。但是，当我们将大语言模型赋予机器人，情况就大不相同了。

想象一下，当你对家用服务机器人说"请把客厅的玩具收拾到盒子里，然后把地拖一下"，它能准确理解你的意图，并自主完成一系列任务。这听起来似乎很简单，但其背后蕴含了极其复杂的语言理解和任务规划能力。机器人需要理解"收拾""玩具""盒子"等词语的含义，也需要将语言命令映射到具体的动作序列，还需要在执行过程中实时感知环境的变化，动态调整自己的行为。大语言模型强大的语义理解和逻辑推理能力，为实现这一切提供了基础。

同样的变化也正在工业领域上演。装配机器人是工业自动化的重要组成部分，但传统的装配机器人通常只能按照预先编程的指令重复工作，缺乏灵活性和适应性。但如果我们为装配机器人配备大语言模型，它就能根据工人的口头指令，自主理解装配任务的要求，并根据实际情况灵活调整装配步骤和参数。这将大幅提升工业机器人的智能水平，让它们成为真正意义上的智能工人。

可以想象，未来的机器人不仅能听懂我们的指令，还能与我们进行流畅的对话。我们可以用自然语言询问机器人工作的进度，了解它遇到的问题，甚至与它讨论更高层次的任务规划和优化策略。这种自然、高效的人机交互方式，将极大地提升机器人的易用性和实用性，让越来越多的人能够享受智能技术的便利。

其次，多模态模型让具身智能系统拥有了多感官的感知和决策能力。在现实世界中，我们人类是通过多种感官来认识世界的。我们不仅能看，还能听、触摸、嗅。这些不同模态的信息相互补充，让我们能够全面、立体地感知周围的环境。而传统的机器人系统往往只依赖单一的感知模态，如视觉或触觉，难以应对复杂多变的现实世界。

多模态模型的出现，正在改变这一切。还是以自动驾驶汽车为例，它需要实时处理来自多个传感器的海量信息，包括摄像头的视频流、激光雷达的点云数据、GPS 的定位信息等。传统的自动驾驶算法通常是针对单一模态设计的，如计算机视觉算法主要处理图像信息，点云处理算法主要处理激光雷达数据。这种割裂的处理方式难以全面感知汽车周围的环境，难以做出准确、可靠的决策。

如果我们将多模态模型应用于自动驾驶汽车，情况就大为不同。多模态模型能够学习不同感知模态之间的关联和互补关系，从而获得对环境更全面、更准确的理解。例如，当视觉模态受到恶劣天气的影响时，多模态模型可以更多地依靠激光雷达的信息来感知障碍物；当 GPS 信号不稳定时，多模态模型可以结合视觉里程计和惯性导航的结果来估计自身位置。这种多模态的感知融合大大提高了自动驾驶汽车的可靠性。

多模态感知的优势不仅体现在环境感知上，还体现在人机交互和决策优化上。以智能助理为例，我们希望它不仅能听懂我们的语音指令，还能读懂我们的表情和情绪，提供更加个性化、更加贴心的服务。这就需要智能助理具备语音识别、人脸识别、情绪分析等多模态感知能力。

想象一下，当你下班回到家中，智能音箱通过人脸识别和情绪分析发现你似乎心情不佳。它会主动询问你的情况，并根据你的反馈给出一些缓解压力的建议，如播放一些舒缓的音乐或者有趣的视频。如果它发现你正在做饭，还会主动提醒你食材的保质期，或推荐一些相关的菜谱。这种个性化、情境化的交互服务，必须建立在多模态感知和理解的基础之上。

多模态模型还能帮助机器人在复杂环境中进行智能决策。以家用服务机器人为例，当它在执行清洁任务时，需要根据房间的布局、家具的摆放、地面的材质等因素，动态规划最优的清洁路径。传统的规划算法通常只考虑几何信息，难以应对家居环境的多样性和不确定性。但如果我们将多模态模型与规划算法相结合，机器人就能更好地理解环境的语义信息，做出更加智能的决策。

例如，多模态模型可以通过视觉和触觉信息识别出地毯、瓷砖、木地板等地面材质，并根据材质的特点调整清洁设备的工作模式和力度；它还可以通过物体识别和场景理解，判断沙发、茶几、电视柜等家具的功能和重要程度，从而合理安排清洁的优先级。这种融合多模态感知的智能决策，将大幅提升家用服务机器人的工作效率和服务质量。

最后，大模型正在革新人机交互的方式，让人与机器的沟通变得更加自然、更加高效。在传统的人机交互中，我们往往需要学习复杂的操作命令或适应不人性化的交互界面。这不仅增大了使用的难度，还影响了用户体验。但有了自然语言交互，这一切都将成为过去。

自然语言是人类最熟悉、最便捷的交互方式之一。我们从小就学会了用语言表达自己的想法，用语言与他人沟通。如果机器也能理解和说出自然语言，那么人机交互将变得无比自然和流畅。我们可以像与朋友聊天一样，用口语化的表达与机器对话。我们可以用简单的语句描述我们的需求，机器就能准确理解我们的意图，并给出合适的回应。

以智能家居为例，我们可以用自然语言控制家中的各种设备。"帮我把卧室的灯调暗一点""把客厅的空调温度调高两度""播放我最喜欢的那首歌"……这些再自然不过的语句，智能家居系统都能听懂并执行对应动作。我们不需要记忆复杂的控制命令，也不需要在手机的 APP 中点来点去，只需要说出我们的需求，智能家居就会为我们服务。这种自然语言交互让智能家居真正成为我们生活中贴心的助手。

自然语言交互的优势不仅在于便捷，还在于它让人机交互变得更加人性化。传统的人机界面往往是冷冰冰的，缺乏人性化的设计。但如果机器能够通过自然语言与我们沟通，并带有一定的情感色彩，我们与机器之间就能建立起更加友好、更加信任的关系。

举个例子，当你在使用智能音箱时，它不会只机械地回答你的问题，而会用轻松愉悦的语气与你聊天，会关心你的感受，会在恰当的时候给你一些鼓励和安慰。久而久之，你会感觉智能音箱不仅仅是一个冰冷的机器，更像是一个可以倾诉、可以依靠的朋友。这种情感化的人机交互将极大地提升用户的使用黏性和忠诚度。

情感计算和情感交互是人机交互的一个重要发展方向。我们人类的情感是多样的、复杂的，包括喜怒哀乐、悲欢离合。情感在我们的日常交流中扮演着重要的角色，影响着我们的思维和行为。如果机器也能理解和表达情感，那么人机交互将变得更加完整、更加立体。

大语言模型和多模态模型正是实现情感计算的重要工具。基于文本、语音、表情等多模态信息，机器可以分析用户的情绪状态，判断用户的喜好和意图。同时，机器还可以根据上下文生成恰如其分的情感反馈，用语音的抑扬顿挫、遣词造句来表达情感。

想象一下，当你对智能助理说"我今天工作很累，感觉很沮丧"时，它会用温柔的语气安慰你"辛苦了，你已经做得很好了。放松一下，听听音乐，明天会是崭新的一天"。当你对智能助理说"我刚完成了一个重要项目，感觉很兴奋"时，它会用欢快的语气祝贺你"太棒了，你真是个了不起的人！我为你感到骄傲，一起庆祝一下吧"。这种沟通情感、交流感受的过程，会让你与智能助理之间产生更多的共鸣和信任，让你感受到被理解、被支持的温暖。

当然，正如在之前讨论的，情感交互还有很长的路要走。我们不能指望机器在短时间内就能完全理解人类复杂的情感世界，也不能奢望机器能够真正与人类产生情感共鸣。但至少，大模型让机器在理解和表达情感方面迈出了重要的一步。随着情感计算技术的不断发展，未来的人机交互必将变得更加自然、更加友好，让机器真正成为我们情感上的伙伴。

大模型与具身智能的结合，正在全方位地改变人机协作的方式。通过语言指令的理解与执行，机器人将成为更加智能、更加灵活的工作助手；通过多模态感知与决策，机器人将能够更好地理解和适应复杂的现实环境；通过自然语言交互和情感计算，机器人将成为我们更加贴心、更加友好的生活伙伴。

尽管大模型为具身智能带来了诸多突破，但我们也要清醒地认识到其局限性和面临的挑战。

首先，大模型在常识推理和因果理解方面的表现还有所欠佳。它更多的是基于海量数据的统计学习，对复杂现实世界的因果逻辑的了解还不够深入。这导致它在处理一些需要高层认知的任务时，表现得还不够出色。提升模型的常识和逻辑推理能力，是一个亟待解决的难题。

其次，大模型的公平性、透明度和可解释性也备受关注。预训练模型可能继承了训练数据中的偏见，如性别歧视、种族歧视等，这些偏见有可能被放大，影响模型的公平性。此外，模型的决策过程往往是"黑盒"，我们难以理解它为何做出某种判断，这影响了人们对其决策的信任度。提高模型的透明度和可解释性，是学界和业界共同的努力方向。

最后，大模型对海量数据和算力的依赖，也限制了它的应用范围。高质量的数据获取成本高昂，模型的训练和部署也需要大量算力支持，这对中小企业和普通用户来说是一个挑战。如何降低模型开发的门槛，让更多人能够受益于这项技术，是一个值得深思的问题。

当我们看到大模型在语言理解、知识表示、逻辑推理等方面的惊人表现时，产生的一个自然而然的想法就是：如果我们把大模型与机器人结合起来，是不是就能实现真正的具身智能？换句话说，具身智能 = 机器人 + 大模型吗？

乍一看，这个等式似乎很有道理。机器人提供了感知、交互、行动的物理载体，大模型提供了理解、决策、学习的智能内核，两者结合，不就是我们理想中的具身智能吗？但如果我们深入思考，就会发现这个等式存在一些问题。

首先，大模型虽然是实现具身智能的重要工具，但并不是其全部。具身智能不仅需要智能的大脑，还需要强健的身体。机器人的物理属性，如材料、结构、传动、控制等，都会影响其在现实世界中的表现。一个智能算法如果没有合适的硬件作为载体，是难以发挥其应有的作用的。因此，我们不能简单地把具身智能等同于机器人加大模型。具身智能的实现既需要先进的人工智能算法，也需要精良的机器人硬件。两者缺一不可，相辅相成。

其次，具身智能的内涵远远超越了单纯的模型堆砌。真正的具身智能系统应该具有主动学习和探索的能力。它不应该满足于被动地接受训练，而应该主动地感知环境、积累经验、优化策略。通过不断的试错和反馈，它应该能够在实践中学习，在学习中进步。这种在线学习和持续进化的能力，是具身智能的关键特征。因此，我们不能把具身智能简单地理解为大模型的堆砌和组合。具身智能的真正内涵在于通过身体与环境的交互，在实践中学习、适应、进化。

再次，人机协同与互补是具身智能不可或缺的重要一环。具身智能的目标不只是创造完全独立、完全自主的机器人，而是创造能与人类和谐共处、互帮互助的智能伙伴。我们要充分认识到人类智能的独特价值，如创造力、同理心、责任感等，并将其作为具身智能设计的重要考量。我们要探索人机协同的新模式、新机制，让人与机器在各自擅长的领域发挥所长，在彼此信任的基础上实现优势互补。只有这样，具身智能才能真正成为造福人类的力量。

最后，具身智能的发展不能只关注技术本身，更要关注其伦理和社会影响。我们要全面评估具身智能对就业、隐私、安全等方面的影响，并采取相应的对策。我们要建立适应新技术的法律法规，明确机器人的权利和义务。我们更要加强伦理道德建设，确保具身智能的发展始终以人为本、以善为先。只有在技术和人文的双重考量下，具身智能才能走上健康、可持续发展的道路。

具身智能绝非简单的机器人加大模型。它是一个复杂的系统工程，需要在算法、硬件、交互、学习等多个层面进行协同设计和优化。它更是一个社会性的命题，需要我们在发展技术的同时，兼顾伦理、法律、就业等诸多因素。

展望未来，大模型与具身智能的结合将引领我们走向更高智能的新境界。

知识图谱和因果推理技术的进步，将帮助具身智能系统形成更加完善的世界模型，增强它的常识理解和逻辑推理能力。元学习和迁移学习方法的创新，将使具身智能系统能够高效地学习新知识、适应新环境，具备更强的可塑性和灵活性。

更令人向往的是，人机协同有望开创智能时代的新范式。未来，人类和智能机器将携手并进，在各自擅长的领域发挥所长。人类的创造力、同理心、责任感等独特禀赋，将与机器的计算力、记忆力、感知力形成互补，共同应对未来世界的种种挑战。

第 11 章　触觉革命：
具身智能的新维度

> 轻触之间，世界回响。

　　当我们谈到感知方式时，先想到的可能是视觉和听觉。但还有一种感知方式，虽然不那么引人注目，但无时无刻不在影响着我们对世界的认知，那就是触觉。下面，让我们一起走进触觉感知的奇妙世界，看看它如何在具身智能领域掀起一场革命。

　　触觉是生物体感知外部世界的重要方式之一。它通过皮肤接触，获取物体的形状、大小、纹理、温度等信息，帮助我们认识和操纵周围的环境。

　　对于人类而言，触觉更是不可或缺。从婴儿抓握母亲的手指到工程师操纵精密仪器，再到医生诊断病患，触觉始终在发挥关键作用。有一项研究表明，在日常物体识别任务中，单凭触觉就能达到 96% 的准确率，这不亚于视觉。由此可见，触觉对我们认知世界有多么重要。

　　触觉在动物界也普遍存在。昆虫的触角、鱼类的侧线、哺乳动物的胡须，都是高度发达的触觉器官。它们帮助动物在黑暗、浑浊的环境中感知障碍、捕捉猎物，是生存的利器。

　　那么，触觉感知对机器人又有什么意义呢？事实上，在很多领域，触觉感知已经成为机器人技术的瓶颈。例如，在复杂的家庭或工业环境中，机器人需要识别和操纵各种物体。单靠视觉往往难以应对物体的遮挡、堆叠和形变等，而触觉感知则可以提供直接、可靠的接触信息，帮助机器人完成任务。

此外，触觉感知还是实现安全人机交互的关键。传统的工业机器人大多在围栏内工作，与人隔离。但随着服务机器人走进家庭、医疗等场景，它必须能够感知人的存在和接触，避免意外碰撞和伤害。只有具备触觉感知，机器人才能在人类身边安全、可靠地工作。

在 VR 和仿真训练领域，触觉感知同样不可或缺。目前，大多数 VR 系统只提供视听体验，缺乏真实的触感反馈，这极大地影响了沉浸感和训练效果。引入触觉感知，可以让用户在虚拟环境中获得真实的触感，提高操作的准确性和真实性。

对于具身智能而言，触觉感知更是一个全新的维度。具身智能强调智能体要通过其身体与环境的交互来感知、理解和适应世界。而触觉正是连接身体与环境的重要纽带。通过触觉，机器人可以直接感受物理世界的属性和变化，从而更好地理解和预测环境。同时，触觉也是机器人施加作用、改变环境的主要方式。没有触觉感知，机器人就难以与真实世界进行自然、高效的交互。

可以说，触觉感知是具身智能的核心要素之一。它不仅可以提升机器人的环境适应能力，还可以使机器人以更自然、更接近生物的方式感知和操控世界。随着触觉感知技术的突破，我们有望看到更加智能、更加人性化的机器人问世。

尽管触觉感知如此重要，但实现机器人的触觉感知并非易事。它涉及传感器、信号处理、感知控制等多个层面，每个层面都有很大挑战。

首先是传感器技术。理想的触觉传感器应该具备高灵敏度、高分辨率、大动态范围等特点，能够检测微小的力、振动、纹理变化。同时，它还要有良好的柔韧性、延展性和稳健性，能够适应机器人的运动和交互。然而，当前的触觉传感器大多基于刚性材料，灵敏度和柔性难以兼得。如何研制兼具高灵敏度和柔性的新型触觉传感器，是一大挑战。

其次是信号处理与特征提取。触觉信号通常含有大量噪声和干扰，如机器人本体的振动、电磁干扰等，需要进行复杂的滤波和去噪处理。同时，不同材质、纹理的物体会产生不同的触觉信号特征，如何从海量触觉数据中提取具有稳健性、可分辨的特征表示，是另一大挑战。特别是在识别动态变化的触觉纹理时，还需要考虑时空信号的相关性和因果关系。

再次是感知与行为的融合。触觉感知不是孤立的，它需要与视觉等其他感知模态，以及机器人的运动控制系统紧密配合。如何将触觉信息与视觉信息进行融合，形成对物体更全面、更准确的认知？如何根据触觉反馈实时调整机器人的运动和操作策略，实现更稳定、更高效的控制？这些都需要深入研究。

最后是仿真与迁移学习。由于真实的触觉交互实验成本高、周期长，研究者越来越多地求助于物理仿真。但触觉感知涉及复杂的接触力学和材料属性，对建模和仿真提出了很高要求。如何在保证精度的同时提高仿真速度，是一大挑战。此外，由于仿真环境与真实环境总有差距，如何将仿真中学习到的触觉感知模型有效迁移到真实机器人，也是一大挑战。

尽管挑战重重，但触觉感知领域的研究从未停歇，近年来，在新型传感器、机器学习、仿真等方面，都取得了长足进展。

在传感器方面，研究者受生物启发，开发出了多种新型仿生触觉传感器。例如，通过在硅橡胶表面设计微纳米结构，模仿人体皮肤的摩擦脊和指纹，可以大大提高传感器的灵敏度和分辨率。利用压阻橡胶、压电材料等智能材料，可以实现柔性、可延展的触觉传感阵列。基于柔性电子技术的触觉传感器更是能够与机器人本体实现无缝集成，犹如机器人的电子皮肤。

在机器学习方面，深度学习为触觉感知带来了新的突破。通过卷积神经网络等模型，研究者可以直接从原始触觉信号中学习物体的识别与分类。基于长短时记忆网络等模型，还可以对触觉信号的时序特征进行建模，实现对动态纹理和事件的识别。此外，强化学习为主动触觉探索提供了新思路。通过学习最优的探索策略，机器人可以主动调整接触力和运动轨迹，以获取最丰富、最有效的触觉信息。

得益于这些进展，机器人的触觉操作能力也得到了极大的提升。例如，通过触觉反馈，机器人可以实现更加稳定、精准的抓取和操作，能够适应物体的形状、重量和材质等的变化。在装配领域，机器人可以通过触觉引导，完成精密零件的插拔和装配。在工业检测中，机器人可以利用触觉对产品表面进行高精度缺陷检测。触觉感知使机器人的操作能力更上一层楼。

同时，触觉感知在虚拟仿真领域也取得了重要进展。通过开发高保真的物理引擎和渲染算法，研究者可以在虚拟环境中实现逼真的触觉建模与模拟。利用仿真平台，可以高效地采集大规模触觉数据，并在其上开展算法研究和测试验证。一些研究者还探索了将触觉传感器虚拟化的方法，即通过机器学习模型，将真实传感器的输出映射到虚拟传感器，从而实现触觉感知从仿真到真实的无缝迁移。

触觉感知的进步正在为机器人开辟全新的应用空间。在服务、工业、医疗等领域，触觉感知的身影无处不在。

在服务机器人领域，触觉感知可以极大地提升机器人的家务能力。例如，在衣物整理中，机器人可以通过触觉感知衣物的材质和褶皱，实现更加细致、平整的整理效果。在物品整理中，机器人可以通过触觉识别物品的形状和摆放状态，实现更加有序、美观的收纳。在医疗康复中，触觉反馈可以提高机器人辅助按摩、理疗的舒适度和安全性。

在工业机器人领域，触觉感知是实现精密操作的关键。例如，在电子组装领域，机器人需要精确操控细小的芯片和元件。传统的视觉引导往往难以应对元件的形变和遮挡，而触觉感知则可以提供直接的接触反馈，确保装配的精度和可靠性。在汽车等离散制造领域，机器人可以利用触觉对零部件表面进行缺陷检测，识别微小的划痕、凹凸等瑕疵，大幅提升产品质量。

在医疗机器人领域，触觉感知可以让机器人更好地协助医生完成手术。在微创手术中，医生难以直接触碰患者组织，只能通过机器人传递触觉反馈。拥有灵敏触觉的手术机器人可以让医生更准确地感知组织的硬度、粘连等特性，从而更精准、更安全地实施手术。在远程诊疗中，触觉信息还可以通过网络传输，让专家远程"触诊"患者，提供更及时、更准确的诊断。

触觉感知在特种机器人中也有独特的应用价值。例如，在排爆机器人中，触觉传感器可以用于识别炸弹的形状、材质，评估其危险程度，指导后续的处置方案。在深海机器人中，触觉感知可以弥补视觉、声呐等传感器的不足，帮助机器人在黑暗、混浊的水下环境中探测地形、采集样本。这些应用都彰显了触觉感知的重要价值。

展望未来，触觉感知技术还有无限可能。随着多模态感知的发展，触觉将与视觉、听觉等感知形式实现更深的融合，形成对世界的更全面、更立体的认知。触觉与视觉的结合将使机器人能够更好地理解物体的形状、材质、状态；触觉与听觉的结合将使机器人能够更好地感知环境的动态变化。多感知融合将使机器人的感知能力更上一层楼。

人机协同触觉也是一个令人兴奋的研究方向。通过将人的触觉反馈实时传递给机器人，可以实现人在回路的触觉交互。例如，在远程操控中，操作员可以通过触觉反馈装置，感受到机器人手臂的接触力和纹理，从而更准确、更灵活地控制机器人执行任务。在 VR 中，用户可以通过触觉交互设备，与虚拟物体产生真实的触感交互，极大地提升沉浸感。人机协同触觉将开启人机交互的新纪元。

神经形态触觉是一个新兴的研究方向。它借鉴我们的大脑处理触觉信息的机制，设计出类脑的触觉信息处理模型和芯片。例如，通过模拟人体皮肤的分层结构和感受器分布，可以实现对触觉信号的高效编码和传输。通过模拟大脑皮层的分层处理和横向连接，可以实现对触觉特征的提取和融合。这些方法有望突破传统触觉感知的瓶颈，实现更智能、更高效的触觉信息处理。

主动触觉材料是触觉感知的一种前沿材料。传统的触觉传感器大多是被动的，只能感知外界施加的力和振动。而主动触觉材料，如压电材料、电活性聚合物等，则可以主动产生变形和振动，从而主动探测环境的触觉特性。一些新型材料还具有自感知、自适应的能力，可以根据环境的变化自主调整其触觉灵敏度和分辨率。这些智能材料的发展将极大扩展触觉感知的应用空间。

数字孪生触觉是触觉感知与 VR 技术的完美结合。它通过高保真的物理建模和渲染，在虚拟空间中构建物理世界的数字孪生。通过对物理世界的触觉感知数据进行实时采集和映射，就可以在虚拟空间中同步提供物理世界的触觉体验。反之，虚拟空间中的触觉交互，也可以通过力反馈装置，实时作用于物理世界。这种"物理世界－虚拟世界"的无缝映射将开启全新的触觉交互模式，在工业设计、虚拟装配、远程操控等领域释放巨大潜力。

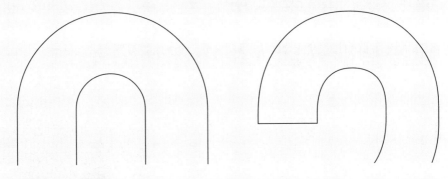

第三篇
具身智能的前沿探索

于形体中求索，于未来中展望。

第 12 章 携手共进：
具身智能开启人机协作新纪元

> 昔日巧匠以心运器，今朝智能与人共舞。

你是否幻想过，有一天，机器人能够成为我们生活和工作中的得力助手，我们与机器人和谐相处，携手应对各种挑战？这样的场景已经不再是科幻小说中的内容，在具身智能的不断推动下，它们正在或将变为现实。下面，让我们一起探索具身智能是如何开启人机协作新纪元的。

人机协作是指人类与机器在共同完成任务的过程中所产生的交互与配合。它经历了从分工到共生的发展历程。

最初，人机协作主要体现为简单的分工。机器替代人，从事一些重复、危险或精密的工作，如工业流水线上的装配、焊接等。这种"机器换人"的模式提高了生产效率，但人机之间缺乏真正的互动。

随着技术的进步，人和机器逐渐发挥各自的优势，扬长避短，协同完成任务。例如，在医疗领域，手术机器人可以辅助医生完成精细操作，而医生则负责术前诊断和术中决策。这种互补式协作实现了人机优势的叠加。

而今天，人机协作正在迈向更高的阶段——共生。在这一阶段，人机不再是简单的合作关系，而是在更深层次上的融合。通过持续的交互和学习，人机双方不断进化、适应，形成共生共荣的命运共同体。正如未来学家凯文·凯利的观点：未来，我们与技术的关系将是一种共生关系。技术将成为我们身体和意识的延伸。

人机协作有多种基本模式，其中最常见的是指令式交互，即人类通过语音、文本等方式向机器下达指令，机器执行相应的任务。例如，我们对智能音箱说"播放音乐"，它就会为我们播放歌曲。随着自然语言处理技术的发展，人机之间的对话式交互变得越来越流畅，我们可以与机器进行更加自然、连贯的语言交流。

除了语言外，肢体也是人机交互的重要渠道。通过手势、姿态、表情等非语言信号，我们可以向机器传达意图和情绪。例如，通过挥手，我们可以让智能家居设备打开或关闭电灯；通过点头或摇头，我们可以对机器人的提问表示肯定或否定。

更进一步，脑机接口技术的发展使得人机之间的信息传输可以跳过肢体，直接在大脑和机器之间进行。通过脑电信号，我们可以直接控制机器人或其他设备。这种念动力式的交互，将极大地扩展人机协作的想象空间。

当然，人机协作也面临着诸多问题，其中最重要的是安全性问题。我们需要确保机器人的行为不会对人类造成意外伤害。这需要在机器人的设计和控制中引入多重安全保障机制。其次是信任问题。人机之间需要建立稳定的信任关系，避免因猜疑而影响协作效率。同时，人机协作还涉及伦理道德问题。我们要确保机器人的行为符合人类的价值观和道德规范。最后，还需要完善相关的法律法规，明确人机协作中的权责界定。

面对人机协作的种种问题，具身智能为我们提供了新的思路和方法。具身智能强调将感知、认知、行为统一在智能体的身体之中，通过身体与环境的实时互动，产生适应性和智能性。这种身体性的智能范式，有望让机器更好地理解人，与人协作。

感知觉是具身智能的重要维度。它让机器能够像人一样感知世界，理解人的需求和状态。通过情感计算技术，机器可以从人的面部表情、语音语调、肢体动作等线索中识别情绪，并给予恰当的回应，营造更加自然、友好的交互氛围。通过多模态信息融合，机器可以推断人的意图，预测人的行为，提供更加主动、贴心的服务。同时，机器还需要理解人所处的上下文环境，根据具体情境调整交互方式。

运动觉让机器人拥有了更加灵巧、协调的身体能力。通过柔顺控制技术，机器人能够根据人的动作实时调整自身的姿态和力度，实现更加安全、舒适的人机互动。例如，当人类触碰或推动机器人时，机器人能够自动释放关节力矩，避免强硬抵抗而造成伤害。同时，精细的手眼协调能力让机器人能够完成一些精细操作，如协助人类进行装配、缝纫等任务。力觉反馈技术则让机器人能够感知人施加的力，从而推断人的动作意图，提供更自然的交互体验。

认知觉赋予了机器人更强的理解、学习和推理能力。通过先进的自然语言理解技术，机器人能够准确理解人类的指令，执行复杂的任务。同时，机器人还能够通过观察人类的示范动作，快速学习新的技能。例如，向机器人演示如何叠衣服，机器人就能掌握这一技能，并应用到实践中。更重要的是，机器人还需要学会迁移和泛化，将学到的技能灵活地应用到新的情境中，满足不同的任务需求。

社交觉让机器人成为更加得体的交互对象。通过语用分析，机器人能够理解人类话语中的言外之意。例如，当人类说"这里好热啊"时，机器人能够理解这是让它去开空调的暗示。同时，机器人还需要根据不同的社交场景，调整自己的交互方式和语言风格，体现出得体的社交智能。此外，机器人还应该具备同理心，能够换位思考，理解人类的处境和感受，给予人情感上的支持和关怀。

人机协作的实现离不开一系列关键技术的突破和进展。这些技术涵盖了人机交互、认知建模、控制策略、安全保障等多个方面，共同推动着人机协作向着更加智能、自然、安全的方向发展。下面，我们就来详细了解一下这些技术的最新进展。

首先是人机共融的交互设计。人机交互是人机协作的基础。只有建立起高效、自然、友好的交互方式，人与机器才能无障碍地沟通和协作。而要实现这一点，需要在语音、视觉、触觉等多个维度上进行技术创新和设计优化。

自然语言交互是最直观、最便捷的人机交互方式之一。我们希望能够像与人聊天一样，与机器进行对话。这需要机器具备语音识别、语义理解、对话生成等一系列能力。近年来，深度学习技术的发展，特别是 Transformer 模型的出现，极大地提升了机器的这些能力。例如，GPT-3 这样的大型语言模型，已经能够生成非常连贯、自然的对话文本。而像 Siri、Alexa 这样的智能语音助手，也让我们在日常生活中真切地感受到了与机器对话的乐趣。

但语言并非人机交互的全部。在许多场景中，肢体语言往往比言语高效和直观。手势识别技术让机器能够理解我们的手势指令，如挥手表示"你好"、竖起大拇指表示"赞"等。姿态估计技术则让机器能够判断我们的身体姿态，如坐下、站立、走路等。动作生成技术则让机器人能够做出与人类的肢体动作相似的动作，如打招呼、指点方向等。这些技术的进步让人机之间的肢体"对话"成为可能，极大地丰富和扩展了人机交互的维度。

情感交互是人机共融的更高境界。我们不仅希望机器能够听懂我们的指令，还希望它能够理解我们的情感，给予我们情感上的回应和支持。这需要机器具备情感计算的能力。通过面部表情识别，机器可以判断我们的喜怒哀乐；通过语音情感分析，机器可以感知我们的语气情绪；通过生理信号检测，机器甚至可以掌握我们的压力水平和疲劳程度。在理解的基础上，机器还需要做出恰当的情感回应，如用温暖的话语安慰我们，用幽默的笑话逗我们开心。这种设身处地的共情能力，将大大拉近人与机器的情感距离。

然后是人机协同的认知建模。认知建模是实现人机"心意相通"的关键。只有深入理解人类的认知过程和行为模式，机器才能更好地解读人的意图，预测人的行为，提供恰到好处的协助。

意图推理是认知建模的核心任务之一。人类的很多意图是隐含的，没有明确说出来。机器需要从人的行为中读懂这些意图。例如，当你在厨房里拿起一个番茄时，你可能是想洗番茄，也可能是想切番茄。机器需要根据上下文线索，如你之前的行为、厨房的状态等，推断你的真实意图。近年来，逆向强化学习等技术的出现，为意图推理提供了新的思路。通过对人类行为的"逆向工程"，机器可以还原出人类可能的目标函数和决策过程，从而更准确地预测人类的意图。

心理建模是认知建模的一个重要方面。人的行为不仅取决于外部环境，还取决于内部心理状态，如注意力、记忆、情绪等。通过对人的心理状态建模，机器可以更全面地理解人的行为。例如，当你在开车时，如果机器发现你的注意力不集中，它可以及时提醒你，避免危险发生。认知架构是一种经典的心理建模方法，它试图用一套统一的计算框架，模拟人类的各种认知功能，如感知、学习、推理、决策等。而近年来，基于深度学习的端到端方法，如深度强化学习、元学习等，也为建模人类心理提供了新的可能。

在意图推理和心理建模的基础上，机器还需要根据人的意图和偏好，自主生成协作任务规划。这种规划不是简单地执行人的指令，而是主动思考如何更好地满足人的需求。例如，当你让机器人帮你准备晚餐时，它不仅要考虑你的口味偏好，还要考虑营养搭配、烹饪难度等因素，给出一份最优的菜单和流程安排。这需要机器具备强大的推理、优化和决策能力，能够在海量的选项中快速找到最佳方案。启发式搜索、约束满足、强化学习等技术，在这方面发挥着重要作用。

接着是人机协调的控制策略。安全、高效是人机协作的两大目标，而实现这两大目标的关键在于设计合理的控制策略，让人和机器在运动和决策上做到无缝协调、相互配合。

阻抗控制是一种被广泛采用的人机协作控制策略。它的基本思想是调节机器人的刚柔特性，使其在与人互动时表现出顺从、灵活的特点。具体来说，当人用手推动机器人时，机器人会根据人手的力度和方向，实时调整自身的运动，就像柔软的弹簧，既不过于僵硬，也不过于松散。这种柔顺的互动方式可以有效避免人机碰撞，提高互动的安全性和舒适性。同时，机器人还可以根据任务需求，动态调整阻抗参数，在安全和效率之间进行权衡。

人机共驾是另一种备受关注的协作控制策略。顾名思义，就是人和机器共同"驾驶"一个系统，发挥各自的优势。人擅长处理复杂、变化的环境，做出定性的决策；而机器擅长进行精确、高速的计算，执行具体的控制指令。通过将人的决策指令与机器的执行能力相结合，可以实现"1+1>2"的效果。以自动驾驶为例，人类驾驶员可以根据交通状况，随时决定车辆的行驶模式和路线；而自动驾驶系统则可以精准控制车辆的速度、方向和距离，确保行车安全。当人类出现疏忽或失误时，自动驾驶系统还可以及时介入，进行主动避险。

动作同步是实现人机协调的一项关键技术。在人机协作中，人和机器往往需要执行一些协同动作，如共同搬运一件重物，或共同组装一个工件。这需要人和机器在时间和空间上高度同步，否则就会出现动作冲突或目标偏差。动作同步技术利用计算机视觉、运动规划等方法，让机器人能够实时跟踪人的动作，预测人的意图，并相应地调整自己的动作，与人保持协调一致。同时，机器人还可以通过视觉、触觉等反馈，引导人的动作，帮助人更好地完成任务。动作同步技术在手术机器人、外骨骼等领域得到了广泛应用，极大地提升了人机协同的精度和效率。

最后是人机协作的安全保障。安全始终是人机协作的底线和红线。再先进的协作技术如果不能确保人身安全，都是不可接受的。因此，在人机协作系统的设计中，必须从多个层面入手，构建全方位的安全保障体系。

　　碰撞检测是人机协作安全的第一道防线。机器人在运动过程中，必须时刻监测自己与人之间的距离，一旦发现碰撞风险，就要立即采取措施，如减速、停止或规避等。传统的碰撞检测主要依赖于接触式传感器，如保险杠、压力垫等。一旦机器人与人发生接触，这些传感器就会被触发，给出碰撞信号。但这种方法存在一定的滞后性，可能无法完全避免碰撞伤害。近年来，越来越多的研究开始利用视觉、雷达等非接触式传感器，对人体进行实时跟踪和距离估计。一旦发现碰撞风险，就可以预警和规避。深度学习技术，如目标检测、语义分割等，在这方面发挥了重要作用。

　　安全运动规划是避免碰撞的一个重要手段。与被动式的碰撞检测不同，安全运动规划是一种主动式的安全策略，目标是从源头上防患于未然。它的基本思路是在机器人运动规划时，将人的位置信息作为重要约束，选择一条远离人体的安全轨迹。MDP、部分可观测 MDP 等方法可以很好地建模这种存在不确定性的规划问题。近年来，一些研究还尝试将人的意图预测纳入运动规划中，根据人可能的行为调整机器人的运动策略，以期获得稳健性、灵活性更强的避碰效果。

　　故障诊断是确保人机协作系统长期、可靠运行的关键。复杂的机器人系统难免会出现各种故障，如传感器失灵、执行器卡死、软件崩溃等。这些故障如果不能及时发现和处理，后果不堪设想。因此，我们需要为人机协作系统配备完善的故障诊断和容错机制。传统的故障诊断主要依靠专家知识和经验，人工设计一些故障检测规则和应对策略。而随着系统复杂度的提高，这种方法变得越来越难以应对故障诊断。近年来，数据驱动的方法，如统计学习、深度学习等，开始在故障诊断领域崭露头角。这些方法可以从海量的历史数据中自动学习和总结故障模式，构建更加全面、精准的诊断模型。同时，自适应控制、容错控制等技术，也让系统在面临故障时，能够自动调整控制策略，保证其基本功能不受影响。

人机协作的安全保障需要从感知、规划、控制、诊断等多个层面入手，形成一套完整的技术方案和标准规范。只有在"防患于未然"和"亡羊补牢"两个层面同时发力，才能真正做到万无一失。这需要人机交互、机器人、人工智能等多个领域的研究者通力合作，在理论和实践中不断探索、创新、迭代。

未来，人机协作将开启一个全新的时代。在这个时代，人类与机器将和谐共生，携手应对各种挑战。

我们可以憧憬这样一幅图景：在未来的工厂里，人类工人与机器人工友配合默契，共同完成生产任务。机器人负责重复、危险的工序，人类则负责创造性强的工作。在未来的手术室里，医生与手术机器人紧密配合，共同挽救患者的生命。机器人以其精准、稳定的操作，辅助医生完成更加复杂的微创手术。在未来的课堂上，教师与智能教学系统协同教学，为每个学生提供个性化的学习方案。教师负责激发学生的创造力和批判性思维，智能系统则负责知识的传授和巩固。在未来的家庭中，智能机器人已经成为家庭成员，它不仅分担家务，还给予人类情感上的慰藉。

人机协作不仅让人类从繁重、危险的体力劳动中解放出来，还让人类有更多的时间和精力投入创造性的工作。通过人机协作，人类的能力得到了延伸和扩展。例如，借助外骨骼，人类可以获得更大的力量和速度；借助智能助手，人类可以在知识"爆炸"的时代更快地获取和处理信息。同时，人机协作也让机器更好地满足人类的需求，向着更加人性化、个性化的方向发展。

第13章　群智共舞：
具身智能中的多智能体协同

独木难成林，群智生万象。

在前面我们已经了解到，具身智能强调智能主体通过身体与环境的交互来产生智能行为。但是，如果我们把视角从单个智能体扩展到多个智能体，会发生什么有趣的事情呢？当众多智能体相遇、相识、相知，会碰撞出怎样的火花？下面，让我们一起走进具身智能中的多智能体协同世界，感受群智共舞的魅力。

在传统的人工智能研究中，我们往往关注单个智能体如何感知环境、推理决策、完成任务。但在现实世界中，很多问题都需要多个智能体的协同才能有效解决。想象一下，一个复杂的搜救任务仅靠一台机器人显然是不能完成的，我们需要一个由多台机器人组成的团队，分工合作，高效完成任务。再如，在智慧城市中，各种服务需要多个智能体的协同，如交通调度需要车辆和信号灯的配合，电网调度需要发电、输电、用电等环节的协调。

可以说，从单个智能体到多个智能体是智能系统走向现实应用的必由之路。这个过程既充满挑战，也蕴含机遇。挑战在于多个智能体的引入大大增强了系统的复杂性。我们需要考虑智能体之间的分工、合作与竞争，设计有效的通信与交互机制，处理可能出现的冲突和失效。但同时，多智能体协同也带来了巨大的机遇。通过智能体之间的相互作用，我们可以发挥群体智能，完成单个智能体难以完成的复杂任务。我们可以建立一个开放、灵活、稳健的智能系统，满足不同场景的需求。

那么，什么是多智能体系统呢？简单地说，多智能体系统是由多个可以自主感知、决策、行动的个体组成的群体，通过个体之间的交互与协作，实现整体的智能行为。这里的智能体可以是机器人、无人车、软件程序等人工系统，也可以是人、动物等自然智能个体。

多智能体系统有以下几个显著的特性。

分布性。各个智能体通常分散在不同的地理位置，拥有自己的感知、计算和执行能力。这种分布性使得系统的灵活性和稳健性更强，能够满足不同的任务需求和环境条件。

自主性。每个智能体都有自己的目标、知识和策略，能够根据本地信息做出自主决策。这种自主性是多智能体系统灵活性和适应性的基础。

社会性。智能体之间通过交互与协作形成了一个社会网络。在这个网络中，智能体可以交换信息、分享资源、解决冲突、达成共识。这种社会性使得多智能体系统能够发挥群体智能，完成单个智能体难以完成的任务。

涌现性。多智能体系统的整体行为，往往不是简单的个体行为之和，而是通过个体交互涌现出的新特性。就像蚁群可以找到最短路径、鸟群可以高效迁徙一样，多智能体系统往往表现出一些令人惊叹的涌现行为。

事实上，多智能体协同在自然界中随处可见。蚁群、蜂群、鸟群、鱼群等都是多智能体系统的完美范例。它们虽然个体简单，但通过精妙的协同机制，实现了高度的群体智能。

以蚁群为例，每只蚂蚁都是一个简单的个体，只能感知和执行有限的任务。但当大量蚂蚁聚集在一起时，它们通过信息素等进行交流，涌现出了复杂的群体行为，如寻找食物、搬运物品、建造蚁穴等。更神奇的是，蚁群可以根据环境的变化动态调整任务分工，展现出极强的适应性和稳健性。

再如鸟群迁徙，数以万计的候鸟组成了一个庞大的多智能体系统。它们在迁徙过程中，通过简单的局部交互规则，如保持与邻居的距离和速度，实现了整个群体的一致运动。这种自组织、涌现的迁徙行为不仅高效节能，而且能够抵御外界干扰，具有极强的稳健性。

这些自然界的智慧为我们设计多智能体系统提供了重要启示。它们告诉我们，个体智能与群体智能之间存在着微妙的平衡关系。我们既要发挥个体的自主性和灵活性，又要塑造群体的协同性和涌现性。同时，它们也启发我们，设计精简而有效的交互机制使智能体能够以最小的通信代价，实现最大的协同效能。

在具身智能的视角下，多智能体协同有了新的内涵。具身智能强调将感知、决策、行动统一于智能体的身体，强调身体在智能涌现中的重要作用。因此，在具身智能的多智能体系统中，智能体不再是抽象的计算节点，而是具有物理实体的个体，如机器人、无人车、智能硬件等。它们需要在物理世界中实时感知、实时决策、实时行动，并通过物理接触、体态语言等方式进行交互。这为多智能体协同带来了新的挑战和机遇。

自主性与社会性是具身智能多智能体系统的两大特征。一方面，每个智能体都有自己的感知、计算和执行单元，能够根据自身的状态和目标自主地采取行动。这种自主性使得系统具有很强的灵活性和稳健性，能够应对环境的不确定性和变化。就像蚁群中的每一只蚂蚁都有自己的大脑，能够根据身边的信息素浓度，自主决定下一步往哪里走。这种分布式的决策模式避免了单点故障，提高了群体对风险的抵御能力。

另一方面，智能体不是孤立的个体，需要与其他智能体协调行动，形成一个有机的整体。这种社会性使得系统能够发挥群体的力量，完成一些单个智能体难以完成的任务。就像蜂群筑巢，其中的每只蜜蜂只在局部范围内工作，但通过密切的协作，最终建成了结构精妙的蜂巢。这种协同涌现的能力，正是多智能体系统的魅力所在。

自主性和社会性是一对矛盾又统一的特性，需要在设计中进行平衡和优化。一方面，我们希望个体有足够的自主性，能够灵活应对局部的变化；另一方面，我们又希望个体之间能够密切协作，形成整体的合力。这就像足球比赛中，需要每个球员都有出色的个人能力，但更重要的是团队的默契与配合。如何在个体自主性和群体协同性之间找到最佳的平衡点，是具身智能多智能体系统需要解决的核心问题之一。

如何实现多智能体的有效协同是具身智能研究的一个核心问题。总体来说，协同机制可以分为三大类：基于市场机制的协同、基于博弈论的协同和基于群体智能的协同。

基于市场机制的协同借鉴了经济学中的市场理论，通过引入虚拟货币、价格机制等，将任务分配和资源分配问题转化为供需匹配的问题。例如，在多机器人协同搬运的场景下，可以将不同的搬运子任务作为商品，将机器人作为买家，根据自己的能力和偏好，出价竞争任务。任务的价格可以根据任务的紧急程度、难易程度等因素动态调整。这样，市场就会自动将任务分配给最合适的机器人，实现整体的优化。这种分布式的市场机制可以在没有中心调度的情况下，实现任务的高效分配。

基于博弈论的协同利用博弈论的数学模型，刻画智能体之间的策略互动。每个智能体根据自己的效用函数，选择最优的策略，并根据其他智能体的策略不断调整。博弈论提供了一套分析智能体行为和均衡的理论工具，如纳什均衡、帕累托最优等。在具身智能系统中，博弈论可以指导如何设计智能体的激励机制、如何避免恶性竞争、如何达成合作共赢。比如，在无人车协同编队的场景下，每辆车都希望占据最省油的位置，但如果所有车都这样做，反而会导致整体油耗的增加。通过引入博弈论的均衡分析，我们可以设计一种激励机制，让车辆在自私和利他之间找到最优的平衡点，实现整体效益的最大化。

　　基于群体智能的协同是一种涌现式的协同模式。与基于市场机制的协同和基于博弈论的协同不同，它不需要显式地建模智能体的效用和策略，而是通过设计一些简单的局部交互规则，让群体的有序行为自下而上地涌现出来。就像蚁群通过信息素交互实现寻路一样，智能体通过一些简单的感知、通信和反应机制，实现整体的协调运动、任务分工等。比如，在群体机器人搜索的场景下，每个机器人只需要遵循 3 条简单的规则：（1）随机游走探索环境；（2）发现目标时，释放数字信息素吸引其他机器人；（3）感知到数字信息素时，朝浓度高的方向移动。通过这种基于数字信息素的简单交互，一群机器人可以高效地实现分布式搜索，而无须任何集中控制。这种协同具有很强的稳健性和适应性，能够应对复杂多变的环境。

　　通信与交互是多智能体协同的基础。只有通过有效的信息传递和共享，智能体才能建立起彼此的默契，形成协调一致的行动。在具身智能系统中，通信与交互不仅包括传统的数字通信，如无线通信、网络通信等，还包括一些具身化的交互方式。

　　例如，机器人之间可以通过动作、姿态、表情等肢体语言进行隐式通信，传递一些难以用数字信号表达的意图和情绪。想象一下，两个服务机器人在协同搬运一张桌子，其中一个机器人通过放慢脚步、调整姿态等动作，暗示对方自己累了，需要休息一下。这种身体语言的交流往往比通过网络发送一条"我累了"的消息直观和高效。

　　再如，智能体还可以通过物理接触进行直接交互，如协同搬运中的力的传递与反馈。当多个机器人抬起一个重物时，它们可以通过内置的力传感器，实时感知其他机器人施加的力，并据此调整自己的力量输出，实现力的平衡与同步。这种基于力反馈的交互可以让机器人在没有显式通信的情况下，实现精妙的协同。

　　当然，通信与交互也面临着一些现实的限制和挑战。首先是通信带宽的限制，特别是在大规模智能体系统中，海量的通信需求可能会导致网络拥塞和延迟。想象一下，在成百上千的无人机执行任务时，如果每一架无人机都频繁地广播自己的状态信息，网络很快就会瘫痪。因此，我们需要设计一些高效的通信协议和策略，如分层通信、事件触发通信等，减少不必要的通信开销。

其次是通信噪声的干扰，在复杂的物理环境中，各种电磁干扰、信号衰减等因素，都可能导致通信质量的下降。尤其是在水下、地下等特殊环境，通信条件更加恶劣。这就需要我们在智能体的设计中，加入一些容错机制，如多路径传输、自适应编码等，提高通信的可靠性。

最后，通信延迟也是一个棘手的问题，由于智能体的空间分布和计算异步，信息的传播和处理都需要一定的时间，这可能影响协同的实时性和稳定性。例如，在无人车编队的场景下，车与车之间的通信延迟可能导致编队的震荡和解体。因此，我们需要在协同算法的设计中，显式地考虑通信延迟的影响，采用一些延迟耐受的控制策略，如预测控制、一致性控制等。

如何在有限的通信资源下，实现高效、可靠、实时的信息交互，是具身智能多智能体系统需要解决的难题，这需要通信、控制、优化等多个学科的交叉融合，理论与实践的紧密结合。

让我们通过一些具体的应用案例，进一步理解多智能体协同在具身智能中的实践。

群体机器人是多智能体协同的一个典型应用。通过大量简单机器人的分工与合作，我们可以完成单个复杂机器人难以完成的任务，如大范围搜索、大规模组装、危险环境探测等。

以搜索与救援为例，当发生地震、火灾等灾害时，我们需要在复杂、危险的环境中，快速搜寻幸存者。这对于单个机器人来说是一个巨大的挑战。但如果我们部署一个由大量小型机器人组成的搜救团队，情况就大不一样了。这些机器人可以分散到灾区的各个角落，通过传感器收集环境信息，并通过无线通信网络共享这些信息。当某个机器人发现了幸存者的线索时，它可以召唤附近的机器人前来支援，并将信息传递给救援人员。这种分布式的协同搜索不仅大大提高了搜救的效率和成功率，还降低了单个机器人的风险和成本。

再如集群运输，当我们需要搬运一个大型、笨重的物体时，单个机器人往往力不从心。但如果我们使用一群协同的机器人，就可以轻松实现。这些机器人可以通过分布式的力量控制算法，自动调整各自的位置和角度，使得合力始终指向目标方向。同时，它们还可以通过力传感器，实时感知其他机器人的状态，避免出现推拉不均、相互干扰等问题。这种协同搬运，不仅可以显著提高搬运效率，还可以避免单个机器人的过载和损坏。

在军事领域，多智能体协同也有广阔的应用前景。未来的战场将呈现出无人化、智能化的趋势。大量的无人机、无人车、无人艇将组成智能集群，执行侦察、打击、防御等任务。这些集群通过分布式的指挥控制系统，实现任务的自主分配和动态调整。例如，当一个无人机发现目标时，它可以召集附近的无人机，组成攻击编队，同时请求地面无人车的支援。这种人机协同、空地协同的作战模式将极大提升作战效率。

智能交通是多智能体协同的另一个重要应用场景。在智慧城市中，成千上万的智能车辆需要与交通基础设施、其他车辆进行实时的信息交互和行为协调，以实现安全、高效、环保的出行。

以交通流优化为例，当前的城市交通往往面临着拥堵、事故、污染等问题。但如果我们为每辆车装备智能驾驶系统，并将它们连接到智慧交通网络，情况就会大不一样。这些智能车辆可以通过车路协同，实时获取道路状况、信号灯时序等信息，优化自己的速度和路线。例如，当前方道路拥堵时，智能车辆可以收到预警，自动选择绕行路线，或调整速度避免频繁启停。这种分布式的交通优化可以显著缓解拥堵，提高通行效率。

同时，智能车辆还可以通过车车协同，实现更安全、更节能的行驶方式。

例如，多辆车可以组成车队，采用自动编队技术，维持安全车距和统一速度。这不仅可以降低风阻，节约燃料，还可以降低事故风险。未来，智能车队还可以根据实时路况，动态调整编队形式，如在高速公路上采取纵列编队，在城市道路上采取横排编队，以满足不同的通行需求。

在紧急情况下，智能车辆还可以通过车车协同，实现集体决策和应急避险。例如，当某辆车突然故障时，周围的车辆可以迅速做出反应，调整车距和速度，避免追尾事故。当前方发生事故时，后方车辆可以及时收到警示，紧急制动或变道避让。这种分布式的应急机制可以显著提高交通系统的安全性和稳健性。

在智慧城市中，多智能体协同还可以为市民提供更加智能、高效、人性化的公共服务。从能源、医疗到安防，多智能体系统正在重塑城市的方方面面。

以智能电网为例，传统的电网调度主要依靠集中式的控制，难以应对分布式能源的接入和波动。但如果我们将大量的微电网、储能设备、智能用电设备连接起来，形成一个多智能体系统，情况就大不一样了。这些智能体可以通过实时通信和自主决策，动态平衡电力的供需。例如，当某个区域的光伏发电过剩时，智能体可以自动将多余电力存储到电池中或输送到其他区域；当某个用户的用电需求骤增时，智能体可以协调周围的储能设备和可控负荷，维持电力平衡。这种分布式的能源管理不仅可以提高电网的灵活性和稳健性，还可以促进清洁能源的利用。

在医疗领域，多智能体协同可以突破时空限制，实现远程医疗服务。例如，来自不同医院的专家可以通过智能体进行远程会诊。这些智能体可以自动收集患者的生理数据、病历信息，并以 VR 的方式呈现给专家。专家可以通过数字化的交互，对患者进行全面的分析和诊断。同时，手术机器人还可以在专家的远程指导下，对患者进行精准的手术操作。这种智能体协同的远程医疗模式可以让优质的医疗资源惠及更广泛的人群。

在公共安全领域，多智能体协同可以实现更加全面、实时的监控和预警。例如，我们可以在城市的各个角落，部署大量的传感器和智能摄像头，形成一张覆盖全城的"神经网络"。这些传感器和智能摄像头可以持续收集环境数据，并通过机器学习算法自动检测异常事件，如火情、斗殴、交通事故等。一旦检测到异常事件，它们可以立即将警报发送给附近的执法智能体和应急智能体，并协同指挥它们采取行动。同时，这些智能体还可以通过数据融合和智能分析，对潜在的安全隐患进行预测和评估，提前采取防范措施。这种基于智能体协同的城市安防可以大大提高城市的安全水平和应急响应能力。

尽管多智能体协同在具身智能中具有诱人的前景，但我们也要清醒地认识到，其实现还面临着诸多技术和理论问题。

从技术角度看，首先是异构智能体的互操作问题。在现实应用中，我们往往需要不同类型、不同厂商的智能体进行协同，如无人机和无人车、机器人和可穿戴设备等。这就要求它们能够在通信协议、数据格式、行为语义等方面实现标准化和兼容。其次是大规模智能体的实时调度问题。当智能体的数量达到成百上千时，如何在有限的计算和通信资源下，实现高效、实时的任务分配和行为协调，是一个巨大的问题。最后是系统的稳健性和安全性，如何确保智能体在面对环境干扰、局部失效、恶意攻击时，还能维持正常运转，避免发生灾难性后果。

从理论角度看，我们还需要探索多智能体协同的一般性框架和规律。不同于传统的多智能体系统，具身智能中的协同需要考虑更多的物理因素和实时约束，也需要在连续的动作空间和状态空间中进行建模和优化。我们需要发展新的博弈论、优化理论、控制论，刻画和指导这种复杂的协同过程。同时，我们还需要深入理解群体智能的涌现机制。从蚁群到鸟群，从脑神经元到免疫细胞，自然界中的群体智能展现出惊人的适应性和创造性。揭示其中的普适规律，对于设计高效、灵活的多智能体系统具有重要启示作用。

　　展望未来，多智能体协同将在更广阔的领域发挥作用，带来更加智能和人性化的应用。在制造领域，人机协同将成为常态，工人和机器人将无缝合作，共同完成复杂的生产任务。在探索领域，天地空海的智能体将形成立体协同，极大地扩展人类认知世界的疆域。在商业领域，跨行业、跨平台的智能体将构建一个开放、共生的智能经济生态，为用户提供更加丰富多样的产品和服务。

第14章 走进脑科学：
探秘生命之树最耀眼的明珠

> 进化赋予了我们完美的身体，而大脑则镌刻着智能的密码。

　　大脑这个神秘的器官，是生命进化的杰作。虽然它的重量只有 1.4 千克左右，但它蕴藏着人类所有的智慧与情感。在过去的几个世纪里，科学家们孜孜不倦地探索大脑的奥秘，试图解开智能的密码。而随着人工智能的崛起，脑科学研究更是迎来了新的春天。

　　脑科学之于人类，有着重大而深远的意义。首先，它是理解智能本质的钥匙。只有洞悉大脑的工作原理，我们才能真正明白什么是智能，智能是如何产生的。这不仅能满足人类的好奇心，还能为发展人工智能提供理论指导和技术启示。

　　其次，脑科学研究可以帮助我们攻克各种脑疾病，如阿尔茨海默病、帕金森病、抑郁症等。这些疾病不仅带来了巨大的医疗负担，还严重影响了患者及其家庭的生活质量。只有深入理解疾病发生的神经机制，才能开发出更有效的诊断、预防和治疗手段。

　　最后，脑科学还是发展类脑智能的基石。类脑智能是指模仿大脑结构和功能的人工智能系统。与传统的基于规则或统计的人工智能不同，类脑智能强调感知、学习、记忆、推理等认知功能的整合，以及身体在智能形成中的重要作用。这正是具身智能的核心理念。

事实上，脑科学与人工智能有着深厚的渊源。早期的人工智能受到逻辑主义和行为主义心理学的影响，强调用符号逻辑来表示知识，用搜索算法来解决问题。这种方法在一些特定领域取得了成功，但难以应对复杂、动态的现实世界。

20 世纪 80 年代，连接主义兴起，受到神经科学的启发，有人提出用人工神经网络来模拟大脑的信息处理。这种方法能够直接从数据中学习，具有很强的适应性和稳健性。它在模式识别、机器学习等领域取得了长足进展，成为现代人工智能的主流范式。

然而，连接主义仍然把智能视为纯粹的计算问题，忽视了身体在塑造智能中的关键作用。大脑并非独立于身体而存在的，它需要通过感知、运动等方式与外部环境互动，从而形成关于世界的内部表征。

这正是具身智能的核心洞见。它强调智能来自身体与环境的交互，需要将感知、认知、行为有机地整合起来。大脑在其中扮演着总指挥的角色，协调各个子系统的工作，从局部感知中提取全局信息，从过去的经验中总结一般规律，从当前目标出发做出最优决策。

因此，深入研究脑科学对于发展具身智能至关重要。它能让我们从生物学的视角理解智能的本质，借鉴大脑的信息处理机制，开发出更加灵活、高效的智能系统。同时，具身智能的研究反过来也能促进脑科学的发展，提供新的理论视角和研究范式，推动我们对大脑奥秘的探索。

那么，脑科学到底揭示了哪些大脑奥秘呢？让我们先从大脑的基本组成单元——神经元说起。

神经元是大脑的基本组成单元，一个典型的神经元由 3 个部分组成：树突、胞体和轴突。树突负责接收来自其他神经元的信号，胞体负责对这些信号进行整合，轴突则负责将整合后的信号传递给下一个神经元。神经元之间的连接点叫作突触，信号就是通过突触传递的。

　　神经元通过改变自身的放电频率来编码信息。当一个神经元兴奋时，它就会以更高的频率放电；当它抑制时，其放电频率就会降低。除了放电频率外，放电的时间模式也携带了重要信息。比如，一些神经元会在特定的时间点同步放电，形成所谓的"时间编码"。

　　大脑中有多种类型的神经元，它们的形态和功能各不相同。其中最常见的是锥体细胞，它们呈锥体形，主要负责信息的传递和处理。还有一些中间神经元，如篮状细胞和双刷状细胞，主要负责调控神经网络的活动。此外还有一些非神经元的细胞，如星形胶质细胞，对神经元的生长和代谢起着重要的支持作用。

　　神经元并非孤立地工作，而是通过突触连接形成复杂的神经网络。这种连接并非一成不变的，而是具有很强的可塑性。当两个神经元频繁地同时活动时，它们之间的突触连接就会加强；反之则会减弱。这种突触可塑性被认为是学习和记忆的基础。

　　大脑不同区域的神经元提供不同的功能。比如，枕叶主要负责视觉信息处理，颞叶主要负责听觉信息处理，额叶主要负责提供计划、决策等高级认知功能。这种功能专门化是大脑进化的结果，它使得不同的认知任务可以并行处理，大大提高了信息处理的效率。

　　但是，大脑的各区域并非完全独立，而是通过复杂的神经纤维束相互连接，形成一个高度互联互通的网络。这种大尺度的网络使得不同脑区可以协同工作，支持进行更加复杂的认知活动。比如，理解一句话需要语音、语义、语法等对应的多个脑区的协同；规划一个行动需要感知、记忆、决策等对应的多个脑区的配合。

　　在大脑的复杂网络中，一些基本的信息处理模块被反复使用，形成所谓的"神经环路"。比如，感觉运动环路将感知信息转化为运动输出，使我们能够对环境做出快速反应；边缘系统环路与情绪、记忆、动机等密切相关，影响我们的决策和行为；认知控制环路则支持进行计划、推理、问题解决等高级智力活动。

近年来，脑科学研究越来越强调从整体的角度理解大脑功能。一些研究发现，大脑在静息状态下会形成一些大尺度的网络，如默认网络、显著网络、控制网络等。这些网络的活动模式与个体的认知能力和精神状态密切相关。而当个体执行特定任务时，大脑会动态调整各个脑区和网络之间的连接，以满足任务的需求。

总的来说，大脑的功能是分层组织的，从低级的感知运动功能到高级的推理决策功能，再到最高级的元认知功能，形成一个层层递进、环环相扣的有机整体。这种复杂的组织架构，正是人类智能的神经基础。

要揭开大脑的神秘面纱，科学家们需要各种先进的研究工具和方法。脑成像技术就是一个强大的武器，它就像一扇通向大脑的窗户，让我们得以一窥大脑工作的真容。

脑成像技术主要分为两大类：结构成像技术和功能成像技术。结构成像技术，如 CT、MRI，主要用于观察大脑的解剖结构，如脑沟回的形态、白质和灰质的分布等。功能成像技术则主要关注大脑的活动模式，如 fMRI、PET、EEG 等。

fMRI（功能性磁共振成像）是目前较常用的脑功能成像技术。它利用血氧水平依赖（BOLD）效应，间接反映神经元的活动。当一个脑区的神经元活动增加时，该区域的血流量和氧合血红蛋白浓度会升高，fMRI 信号就会增强。通过分析不同任务条件下的 fMRI 信号变化，我们可以推断出哪些脑区参与了特定的认知过程。

PET（正电子发射体层成像）利用放射性示踪剂，如葡萄糖类似物，示踪脑组织的代谢活动。脑组织的葡萄糖代谢水平与其神经活动密切相关。与 fMRI 相比，PET 的时间分辨率较低，但它可以提供脑代谢的定量信息，在研究脑疾病方面有独特的优势。

EEG（脑电图）是一种无创、便携、廉价的脑功能检测技术。它通过头皮电极记录大脑皮层神经元的群体电活动。EEG 的时间分辨率很高，可以捕捉到毫秒级的神经动态变化，但其空间分辨率较差。而 MEG（脑磁图）与 EEG 类似，但它测量的是神经电流产生的微弱磁场，具有更好的空间分辨率。

除了被动地观察大脑活动外，科学家们还发明了一些介入性技术，可以主动调控特定脑区的活动，如 TMS（经颅磁刺激）、tDCS（经颅直流电刺激）、DBS（深部脑刺激）等。这些技术不仅可以用于研究大脑功能，还为治疗某些神经精神疾病提供了新的手段。

一个重要的研究工具是计算建模。科学家们尝试用数学语言来描述大脑的信息处理过程，建立各种计算模型，从简单的神经元模型到大规模的神经网络模型，再到全脑模型。

在神经元模型方面，经典的模型是 Hodgkin-Huxley，它用一组微分方程描述了神经元膜电位的动力学变化。后来又发展出一些简化的模型，如 Izhikevich 模型，它在保持生物学真实性的同时，大大降低了计算复杂度。这为构建大规模神经网络奠定了基础。

在神经网络模型方面，一个里程碑式的成果是 Hopfield 提出的 Hopfield 网络。它展示了一个简单的神经网络如何通过突触连接的自组织实现记忆存储和模式识别。此后，一些更加复杂的网络模型不断涌现，如循环神经网络、脉冲神经网络等，它们在学习能力、动态特性等方面都有了长足的进步。

近年来，随着计算能力的提升和海量脑数据的积累，科学家们开始尝试构建全脑模型。欧洲的"蓝脑计划"和美国的"人类脑计划"就是两个代表项目。它们的目标是在分子、细胞、突触、网络等不同尺度上，精细地模拟人脑的结构和功能。虽然它们目前还处于起步阶段，但全脑模型有望成为理解大脑工作机制、开发类脑智能系统的有力工具。

类脑芯片是脑科学与工程技术交叉的产物，它试图在硬件载体上模拟大脑的信息处理。一种策略是开发神经形态芯片，利用忆阻器等新型器件，在物理上模拟生物神经元和突触的特性。另一种策略是设计脑启发芯片，借鉴大脑的连接拓扑和计算原理，但不拘泥于生物细节。一些研究机构和企业已经推出了相关产品，如 IBM 的 TrueNorth 芯片、Intel 的 Loihi 芯片等。

脑机接口是连通生物脑与人工智能的桥梁。它利用电极或其他传感器记录脑活动信号，再通过解码算法将这些信号转化为控制命令，从而实现用意念控制外部设备。

侵入式脑机接口需要将电极植入大脑皮层或深部核团，直接记录单个神经元或神经元群的电活动。采用这种方法时信号质量高，但存在手术风险和并发症。著名的 BrainGate 系统就是一个侵入式脑机接口，通过植入运动皮层的微电极阵列，帮助瘫痪患者用意念控制机械臂完成抓取等任务。

非侵入式脑机接口则通过头皮电极等方式感知脑活动，如 EEG、fNIRS 等。它佩戴方便，但其信号质量和空间分辨率较差。目前常见的 EEG 脑机接口可以识别左右手运动想象，用于控制轮椅、打字系统等。一些初创公司还推出了 EEG 头环，声称可以监测注意力、压力等状态，但其科学性还有待验证。

双向脑机接口不仅能读取脑信号，还能向大脑输入信息，实现双向交互。这需要在大脑中植入大规模、高密度、长期稳定的微电极阵列，其技术难度很大。但双向脑机接口有望在神经义肢、感觉修复、记忆增强等领域发挥重要作用。马斯克的 Neuralink 公司就瞄准了这一研究方向，但目前它还处于动物实验阶段。

脑科学研究不仅满足了人类探索自身奥秘的好奇心，还为发展具身智能提供了重要的生物学见解和技术启示。

感知运动整合是具身智能的核心特征之一。在灵长类动物的大脑中，视觉信息加工存在两条特定通路：背侧通路和腹侧通路。背侧通路主要参与物体的空间定位，支持伸手抓取等操作；腹侧通路主要参与物体的识别和分类。这种分工合作的机制启发我们，在设计机器人视觉系统时，需要兼顾定位和识别两大功能，协同支持物体操作。

小脑在运动控制和协调中扮演着重要角色。它通过整合前庭、本体感受等输入，实时监测身体运动状态，并将偏差反馈给运动皮层，引导运动轨迹的修正。小脑核团还参与运动序列的记忆和自动化。这启示我们，机器人的运动控制需要连续的多感知反馈，并辅以运动记忆机制，才能实现平稳、精准、灵活的动作。

记忆是智能的基石，而大脑中存在多种类型的记忆系统。例如，工作记忆主要依赖前额叶，负责暂时存储和操纵信息，为推理、决策等高级认知提供支持；情景记忆主要依赖海马体，负责将事件的多维信息整合为完整的记忆痕迹；程序性记忆主要依赖基底神经节，负责学习运动和认知技能，实现动作的自动化。这提示我们，在设计智能系统的学习机制时，需要兼顾不同类型的记忆功能，灵活存储和利用知识。

推理和决策是人类智能的高阶体现。前额叶参与演绎推理，支持从一般性规则出发，推导出特殊情况下的结论；顶叶参与归纳推理，支持从个别事例中提炼出一般性规律。在面对不确定环境时，人们还会依赖直觉做出快速决策，这主要由眶额叶、扣带回等脑区协同完成。这启示我们，机器推理和决策系统需要兼顾演绎和归纳两种逻辑，并辅以直觉启发式，才能在复杂问题中找到最优解。

语言是人类强大的认知工具和交互媒介。大脑处理语言的过程高度模块化：颞上回负责语音的听觉加工，颞叶后下部负责语义的概念表征，额叶下后部负责语法的结构分析。这种模块化分工使得语言的感知、理解、表达等子任务得以并行高效地完成。这为构建类脑自然语言系统提供了重要参考，提示我们需要设计专门的音韵、语义、语法等处理单元，再通过大规模互联实现语言的整体功能。

具身智能强调将感知、认知、行为有机地整合起来，让智能系统能够像人一样与环境进行实时互动、不断学习和适应。而我们复杂精妙的大脑正是实现这种具身智能的完美范例。

首先，大脑的多感知通道融合机制启示我们，具身智能系统需要对不同模态的感知信息进行有效整合，构建统一的内部表征。我们知道，大脑接收来自视觉、听觉、触觉、本体感觉等多个通道的信号输入。这些信号在初级感觉皮层进行分别加工后，会汇聚到联合皮层和顶叶等高级脑区，形成跨感觉通道的高维表征。

以顶叶的整合功能为例。顶上小叶前部整合视觉和本体感觉信息，形成身体在空间中的位置表征；顶下小叶整合视觉、触觉、本体感觉信息，形成物体操作的多感知表征。这些内部表征使我们能够灵活地感知和适应复杂多变的环境。类似地，具身智能系统也需要通过多感知融合，获得对物理世界的准确表征，从而做出合理的行为决策。

其次，大脑的感知运动协同机制启示我们，具身智能系统的感知和行为需要紧密耦合，实现实时的闭环交互。在灵长类动物的大脑中，视觉、听觉等感觉区域与前运动皮层、小脑等运动区域之间存在大量的双向连接。这种连接使得感知信息能够快速引导行为反应，而行为结果又能反过来影响感知加工。

以眼动控制为例。我们在观察物体时，视线会快速跳转到感兴趣的目标上。这种跳转性眼动由前额叶眼区和上丘等脑区协同控制，其中就整合了视觉信息、注意信息、记忆信息等多种信息。而眼动反过来又影响了我们获取视觉信息的方式。这种感知运动的动态协同使我们能够主动探索环境，优化信息采样策略。类似地，具身智能系统也需要在感知与行为之间建立实时反馈通路，使之相互促进、协同优化。

再次，大脑的情感调节机制启示我们，具身智能系统需要将情感因素纳入决策过程，以获得灵活性、稳健性更强的行为策略。情感并非理性的对立面，而是与认知功能密不可分的。从进化的角度看，情感在快速应对环境挑战、维持个体生存方面有着重要意义。

以恐惧情绪为例。杏仁核作为边缘系统的核心结构，能够快速检测环境中的威胁性刺激（如蛇、蜘蛛等），并通过下丘脑、脑干等通路引发交感神经兴奋，促使个体采取战斗或逃跑等应激反应。这种情绪驱动的快速反应机制使我们能够在危急时刻做出有利于生存的行为决策。类似地，具身智能系统也可以设计类似情感调节的机制，根据任务目标的奖惩条件，动态调整行为策略的探索与利用平衡，提高决策的速度和适应性。

此外，大脑的社会交互机制启示我们，具身智能系统应该具备与人和其他智能体协作的能力，在交互中学习和进化。人类智能的发展离不开社会交互。婴儿通过模仿成人的言行习得语言和技能，青少年通过同伴合作完成复杂的认知任务。这种社会交互使个体能够跨越自身的认知局限，在更高层次上认识世界。

以师生互动为例。老师示范、讲解新知识，学生通过观察模仿、提问反馈来学习。在这个过程中，师生双方建立了共同注意、心理理论等认知基础，形成了一个互为主体的交互系统。个体智能正是在这种系统中不断发展完善的。类似地，具身智能系统应该能够与人类或其他智能体展开多模态交互，在交互中习得新技能、优化认知策略、提升系统性能。

最后，大脑的预测编码机制启示我们，具身智能系统应该以预测学习为核心，通过主动探索环境来优化内部模型。大脑并非被动地接受感觉输入，而是不断生成对世界的预测，并将预测与实际输入进行比较。当预测与实际输入不一致时，就会产生预测误差信号，驱动神经网络更新内部模型，以更好地适应环境。

以视觉预测为例。当我们注视一个物体时，大脑会利用先验知识（如物体的形状、材质等）来预测下一时刻的视网膜输入。这种预测通过自上而下的通路反馈给初级视觉皮层，与实际的视网膜输入相比较。如果二者不一致，就会激活一系列脑区（如额下回）来调整预测模型。这种预测编码机制使我们能够快速、稳健地感知动态变化的世界。类似地，具身智能系统也应该以预测学习为核心，通过探索环境、试错互动，持续优化对世界的内部表征，实现自主学习和进化。

脑科学研究为发展具身智能提供了极具启发性的视角和原则。多感知融合、感知运动协同、情感调节、社会交互、预测学习等脑科学发现，共同揭示了人类智能的核心特性，即身体性、主体性和适应性。这些特性正是具身智能的本质要义。

站在脑科学和人工智能的交叉路口，我们可以展望未来具身智能的发展图景。

首先，类人机器人将成为具身智能的重要载体。它将拥有人性化的外形和行为，能够灵活地行走、操作、交流，胜任家庭服务、医疗康复、教育娱乐等多种任务。类人机器人不仅要具备精细的运动控制和稳健的环境适应能力，还要能够准确理解人类的语言指令和情感需求，给人提供亲切、智能、可信的互动体验。

其次，生物智能与人工智能将加速融合，形成混合增强智能。一方面，脑机接口技术将赋予人类直接访问信息空间、控制外部设备的能力，大大扩展人脑的认知边界；另一方面，类脑芯片、神经形态计算等技术将促进人工智能在能效、稳健性、泛化能力等方面的跨越式发展。生物智能和人工智能的优势互补，将开创人机协同的新范式。

再次，多智能体系统将成为具身智能的新兴研究方向。在开放、动态的环境中，单个智能体往往难以应对所有挑战。多个智能体通过分工协作，可以发挥各自的专长，完成更加复杂的任务。群体智能的涌现机制启发我们，可以在个体智能的基础上，设计合理的交互协议和激励机制，使多个智能体能够在竞争与合作中实现整体智能的提升。

最后，AGI 将是具身智能的终极目标。它要求智能系统能够像人一样，在感知、认知、决策、行为等方方面面都具有通用性和自主性。这需要在算法、架构、硬件等多个层面实现根本性的突破。虽然 AGI 还有很长的路要走，但脑科学研究将为这一目标的完成指明方向。深入理解人脑的信息编码、学习机制、系统架构，对于创建类人级别的通用智能系统至关重要。

第15章 材料革新：
具身智能的硬件跃迁

> 新材料，新智能，新未来。

　　除了前面讨论的各种算法和模型外，具身智能还需要什么呢？下面，让我们一起走进材料科学的世界，看看新材料革命如何为具身智能插上腾飞的翅膀。

　　传统的机器人大多是由刚性材料制成的，如金属、塑料等。它们虽然功能强大，但在某些场合显得笨拙和不灵活。比如在狭小的空间里，刚性机器人难以自如穿行；在与人互动时，刚性机器人可能会对人造成伤害。如果我们用柔软的材料来制作机器人，情况就大不一样了。这就是软体机器人的魅力所在。

　　软体机器人有许多独特的优势。首先是柔顺性。由于采用了柔软、可变形的材料，软体机器人能够适应复杂的环境，灵活地绕过障碍物，与人进行安全的互动。就像章鱼的触手，能够伸缩自如，钻进狭小的缝隙。其次是轻量化。软体材料通常比金属等传统材料轻，这使得软体机器人更便于携带和部署，也能降低能耗。最后是生物相容性。一些特殊领域，如医疗康复等，对机器人的安全性和适应性有很高的要求。软体机器人柔软、亲肤的特点，适用于这些应用场景。

　　那么，软体机器人的关键技术是什么呢？其一是软体致动器。与传统的电动机、液压缸不同，软体致动器通常采用气动、液压、电活性聚合物等柔性驱动方式。它们能够像肌肉一样收缩、伸长，赋予机器人灵活的运动能力。其二是传感与控制。由于软体材料的变形难以精确建模，传统的集中式控制难以奏效。因此，软体机器人往往采用应变传感、触觉传感等柔性传感技术，实现对形变的实时监测；同时采用分布式控制策略，在局部进行反馈调节。此外，建模与仿真技术，如有限元分析等，也是软体机器人研发的重要工具。

软体机器人有广泛的应用前景。在医疗康复领域，柔性可穿戴设备能够贴合人体曲面，提供个性化的运动辅助和康复训练。在极端环境探索领域，软体机器人能够穿越狭小空间，适应复杂地形，执行搜救、勘探等任务。在人机交互领域，软体机器人能够提供更加自然、舒适的交互体验，如柔性触觉反馈、亲肤抓取等。美国麻省理工学院的章鱼机器人（见图 15-1）就是一个典型的软体机器人，它能够灵活地游动、抓取物体，展现出软体机器人的魅力。

图 15-1

　　大自然是伟大的设计师和工程师。经过数百万年的演化，生物体形成了各种奇妙的结构和功能。仿生材料就是从自然界汲取灵感而设计的、兼具结构与功能的新型材料。它在具身智能领域大有可为。

　　仿生材料有几个鲜明的特点。首先是多功能一体化。传统材料往往只具有单一功能，如钢材只起承力功能，电路板只起导电功能。但在生物体中，结构和功能往往是高度集成的。比如，蜘蛛丝既是结构材料，又具有传感功能；树木的根系既能支撑树木，又能吸收水分。受此启发，仿生材料往往采用结构、传感、驱动一体化的设计，实现多种功能的协同。其次是多尺度结构。自然界的材料从宏观到微观都有精巧的结构，如竹子的纤维排列、贝壳的螺旋层状结构等。这些结构在不同尺度上协同工作，优化材料的力学、热学等性能。仿生材料借鉴这一点，通过跨尺度结构设计，实现性能的优化。最后是响应性。生物材料能够对环境的刺激产生灵敏的响应，如变色龙能够根据环境改变皮肤颜色，含羞草能够对触碰做出快速反应。仿生材料通过模仿生物体内的结构和功能，引入对光、热、电、化学等刺激的响应机制，从而实现对环境的主动适应。

　　仿生材料在具身智能中有许多令人惊讶的应用。一个典型的例子是仿肌肉材料。我们知道，肌肉是生物体运动的动力来源。它能够收缩、伸长，产生巨大的力量。受此启发，研究人员研发出了各种人工肌肉材料，如介电弹性体、形状记忆合金等。它们能够像肌肉一样工作，为机器人提供柔性驱动。再如仿皮肤材料。皮肤是生物体的天然传感器，能够感知压力、温度、湿度等多种信号。仿皮肤材料通过嵌入各种传感元件，如压阻传感器、温度传感器等，也能实现类似的功能。此外，一些仿皮肤材料还具有自修复能力，能够在受损后自主修复，延长使用寿命。

　　仿生材料的研究离不开新材料、新工艺的突破。3D 打印技术的进步使我们能够快速、精确地制造出具有复杂结构的仿生材料。纳米材料，如碳纳米管、石墨烯等，以其优异的力学、电学、热学性能，成为构筑仿生材料的理想选择。自修复材料通过物理或化学机制实现损伤后的自主修复，大大提高了材料的可靠性，延长其使用寿命。这些技术的进步为仿生材料的发展提供了强大的支撑。

传统的机器人往往是事先设计好的，其形态和功能是固定的。但在复杂多变的环境中，这种一成不变的机器人往往难以适应。理想的机器人应该能够根据任务需求，自主改变自己的形态和功能。这就需要自组装和自重构技术。

自组装是指大量简单的个体通过局部互动，自发形成有序结构和功能的过程。自然界充满了自组装的奇迹，如蚁群通过个体间的信息素交流，搭建结构复杂的巢穴；病毒通过自组装，形成几何对称的蛋白质外壳。受此启发，自组装机器人（见图15-2）应运而生。一类是模块化机器人，由大量标准化模块通过自主连接，形成各种形态和功能。另一类是群体机器人，它由大量简单个体通过互动，涌现出群体行为。还有一类是自重构机器人，它能够根据任务需求，自主改变自己的形态和功能。

图 15-2

自组装的机理和控制是一个复杂的问题。在物理层面，磁力、静电力等物理相互作用，是驱动模块自组装的重要机制；在化学层面，分子识别、动态共价键等化学过程，能够实现更加精细、可控的组装；在控制方面，集中式控制依赖中央控制器下达组装指令，而分布式控制则依赖个体之间的局部通信和协调。通过巧妙的机理设计和控制策略，我们能够实现高效、稳健性强的自组装。

自组装机器人有广阔的应用前景。在空间探索领域，自组装机器人能够在轨自主组装，形成大型结构；在部件损坏时自主重构，维持系统功能。在灾害救援领域，自组装机器人能够自主穿越废墟瓦砾，变形通过狭小缝隙，搜寻幸存者。在可持续发展领域，模块化设计使机器人能够轻松升级、重组，延长使用寿命。总之，自组装将赋予机器人前所未有的适应性和进化能力。

在科幻电影中，我们常常看到机器人能够随意改变自己的形状，如《终结者》中的液态金属机器人。这种变形能力，一直是机器人研究人员的梦想。而自适应材料正是实现这一梦想的关键。

自适应材料是指能够根据环境刺激改变自身性质或形状的材料。它赋予了机器人变形的能力。形状记忆材料是一类典型的自适应材料。形状记忆合金能够在温度变化时发生可逆的形状变化，如镍钛合金能够在加热时恢复为预先设定的形状。形状记忆聚合物则可以通过光、电、磁等多种刺激实现形状记忆效应。这些材料在机器人领域有广泛应用，如可变形结构、柔性驱动器等。

除了形状记忆材料外，刺激响应材料也是一类自适应材料。它能够对特定的环境刺激产生响应，改变自身的性质或形状。例如，热响应材料能够在温度变化时改变自身的机械、光学、电学等性质；光响应材料能够在光照下发生形状变化、运动等；电响应材料能够在电场作用下发生变形、位移等。这些材料大大增强了机器人的环境适应能力，如根据温度变化调节抓取力度，根据光照调节运动速度等。

近年来，智能复合材料的发展为自适应材料带来了新的机遇。通过多材料 3D 打印技术，我们能够精确控制材料的成分、结构，实现前所未有的性能调控。通过"编程物质"的理念，我们可以将传感、计算、驱动等功能赋予材料，实现材料的自感知、自决策、自执行。这些新兴技术将极大地推动自适应材料在机器人领域的应用，让机器人真正学会变形。

材料革命为具身智能带来了新的突破口。但我们要清醒地认识到，将新材料应用于机器人，还面临着诸多挑战。

首先，跨学科交叉是大趋势。机器人学、材料学、化学、生物学等学科的交叉融合，将催生更多具有颠覆性的新材料、新结构、新功能。这对研究人员提出了更高的要求，他们需要打破学科壁垒，开展协同创新。

其次，产业化瓶颈不容忽视。许多新材料、新工艺虽然性能出众，但成本高昂，稳定性不足，难以大规模应用。如何优化工艺、提高性价比，是推动产业化的关键。

最后，安全性问题需高度重视。软体机器人、自适应材料等新技术可能带来新的失效模式和安全隐患。我们需要开展系统的安全性评估，建立健全的标准规范体系。

从刚性到柔性，从被动到主动，从单一到多功能，新材料必将引领机器人技术的新变革。

第16章 向大自然学习：
生物启发下的具身智能

> 飞鸟翔空，鱼翔浅底，皆是吾师。

在漫长的进化历程中，生物体形成了种种奇妙的结构和功能，展现出令人叹为观止的智能。这些生物智能正是我们发展具身智能的宝贵财富。下面，让我们一起走进生物的世界，领略生命的智慧，看看生物智能如何促进人工智能的发展。

什么是生物智能？简单地说，生物智能就是生物体在复杂环境中生存和繁衍所形成的适应能力。与人工智能不同，生物智能是在亿万年的进化中自然形成的，具有鲜明的特性。

首先是适应性。大自然瞬息万变，生物必须能够快速适应环境的变化，调整自身的行为和策略。无论是结构简单的细菌，还是结构复杂的哺乳动物，都有极强的环境适应能力。其次是稳健性。生物体内外都存在各种干扰和噪声，但生物智能系统能够稳健地应对这些干扰，维持正常的生理功能。最后是高效性。在食物匮乏的环境中，生物必须以最小的代价获取能量，从而高效地满足生存和繁殖的需要。

那么，生物智能是如何实现的呢？这要从分子、细胞、组织、个体、群体等不同层面来理解。

在分子层面，DNA、RNA、蛋白质等生物大分子承担了信息存储和处理的重任。遗传信息被编码在 DNA 序列中，通过转录和翻译过程合成功能蛋白质，调控细胞的生理活动。在细胞层面，神经元是信息处理的基本单元。神经元通过树突接收信号，通过轴突传递信号，并在突触处与其他神经元形成连接，构建复杂的神经网络。在组织层面，神经系统、感知系统、运动系统等形成了各自的功能模块，分工协作，完成感知、决策、行动等任务。在个体层面，动物具有感知、学习、记忆、推理等高级认知功能，能够灵活地应对复杂环境。在群体层面，种群内的个体通过协作与竞争，促进了物种的进化和繁盛。

生物智能的奥秘对人工智能的发展具有重要启示作用。一方面，生物智能系统采用大规模并行、分布式的信息处理模式，而不是集中式的控制。这种模式具有更强的稳健性和可扩展性。另一方面，生物智能善于利用多感官信息，实现感知的融合与协同。视觉、听觉、触觉等感官分工合作，全面感知外部世界。此外，生物具有持续学习的能力，通过经验不断优化和改进。这种学习模式使其能够适应环境的长期变化。生物还善于将复杂任务分解为多个简单模块，通过模块间的协作完成任务。这种层次化、模块化的设计，大大增强了系统的适应能力。最后，在群体层面，生物个体间的局部互动可以涌现出整体的智能，体现出自组织、自适应的特点。

在生物智能启发下，一个新兴的研究方向是神经形态计算。神经形态计算试图通过构建类似生物神经系统的计算硬件，模拟大脑的信息处理机制。

我们知道，生物神经网络是由大量神经元通过突触连接而成的。神经元就像微小的处理器，接收来自其他神经元的信号，对其进行整合，并将结果传递给下一个神经元。这个过程的关键就在于突触的可塑性。突触连接的强度可以根据经验进行调整，这就是学习和记忆的基础。此外，生物神经系统采用脉冲编码的方式来传递信息。不同于传统计算机的连续取值，神经元的输出是一系列离散的脉冲。脉冲的发放时间和频率携带了丰富的信息。

受此启发，神经形态计算芯片应运而生。这些芯片由大量人工神经元组成，神经元之间通过可塑的突触连接。每个神经元可以被抽象为一个脉冲发放器，通过调制脉冲的发放时间和频率来编码信息。神经元之间的连接采用交叉开关矩阵，突触的权重可以通过电压或电流来表示。当一个脉冲到达突触前神经元时，会引起突触后神经元的电位变化，当电位超过阈值时，该神经元就会发放脉冲。这种工作方式与生物神经元的非常相似。

　　为了实现大规模神经形态计算，研究者提出了多种芯片架构。一种是数字架构，它以 IBM 的 TrueNorth 芯片（见图 16-1）为代表。它采用数字电路来模拟神经元和突触，每片芯片包含一百万个神经元和二亿五千六百万个突触。TrueNorth 芯片可以支持多种编程模型，完成复杂的模式识别任务。另一种是模拟架构，它以 Intel 的 Loihi 芯片（见图 16-2）为代表。它采用模拟电路来直接模拟生物神经元的动力学，每片芯片包含十三万个神经元和一亿三千万个突触。Loihi 芯片还支持在线学习，可以根据反馈信号自适应地调整连接权重。此外，还有一些混合架构，它们同时利用数字电路和模拟电路，如清华大学的 Tianjic 芯片（见图 16-3）。它在通用处理单元之外，还集成了专用的类脑计算模块，可以灵活地支持多种人工智能应用。

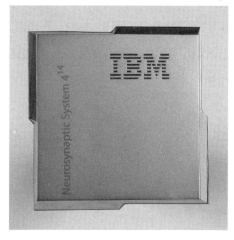

图 16-1

图 16-2

图 16-3

　　神经形态计算具有广阔的应用前景。在智能传感领域，神经形态芯片可以直接与传感器集成，在端侧实现实时、自适应的信号处理，大大降低功耗和延迟。在自主机器人领域，神经形态芯片可以模拟生物神经网络的感知运动控制机制，实现快速决策、持续学习等能力。在类脑智能领域，神经形态芯片为构建大规模脑模型提供了高效的计算平台，有望在语音识别、视觉理解、认知推理等方面取得突破。

　　除了模拟生物神经网络外，另一种生物启发的研究思路是仿生机器人。仿生机器人从结构、功能、行为等方面模仿生物体，试图获得类似生物的能力，如前面材料科学部分介绍的几种仿生机器人。

　　在自然界中，群体智能无处不在。蚂蚁通过信息素交流，实现最优路径搜索；蜜蜂通过蜂舞传递信息，协调采蜜行为；鸟群通过局部感知，进行整齐划一的集群运动。这些群体行为都体现出涌现、自组织、分布式、适应性等特点。

　　受群体智能启发，人工智能领域提出了多种计算模型。蚁群算法模仿了蚂蚁觅食的行为。在蚁群算法中，每只蚂蚁根据信息素浓度选择路径，并在走过的路径上留下信息素。随着时间的推移，最短路径上的信息素不断累积，吸引更多蚂蚁进行选择，最终整个蚁群都会收敛到最优路径上。蚁群算法已经成功应用于旅行商问题、车间调度等组合优化问题。类似地，粒子群优化算法模仿了鸟群觅食的行为，通过个体最优和全局最优的信息共享，引导粒子不断更新速度和位置，最终收敛到最优解。人工蜂群算法则模仿了蜜蜂采蜜的行为，通过雇佣蜂、观察蜂、侦察蜂的分工协作，在多个目标函数之间寻求平衡。

在机器人领域，群体智能也得到了广泛应用。一个典型的例子是 Kilobot 项目，如图 16-4 所示。它开发了一种廉价、易扩展的微型机器人平台，可以支持上千个个体的集群实验。通过在 Kilobot 上实现各种群体控制算法，研究者考察了群体行为的涌现机制，如集群、分散、形状形成等。另一个例子是 Swarmanoid 项目，如图 16-5 所示。它开发了地面、墙面、飞行 3 种异构机器人，通过协同合作完成复杂的三维空间任务。地面机器人负责搬运物品，墙面机器人负责在垂直表面移动，飞行机器人负责探索和信息中继。通过分工协作，异构集群的性能大大超过单一类型机器人的性能。

图 16-4

图 16-5

　　群体机器人的协同可以分为多种模式。一种是基于规则的协同，个体之间不直接通信，而是通过感知彼此的行为，根据简单规则做出反应。例如，在 Boids 模型中，每个个体根据与邻居保持一致速度、避免碰撞、靠近群体中心的 3 条规则来调整自己的运动。另一种是基于通信的协同，个体之间直接交换信息，并根据信息采取行动。例如，在蚁群算法中，个体通过释放和感知信息素来协调行为。还有一种是基于角色的协同，不同个体扮演不同的角色，履行专门的职责。例如，在 Swarmanoid 项目中，地面、墙面、飞行机器人各司其职，通过角色分工实现协同。

　　目前，群体机器人已经在多个领域崭露头角。在灾难救援中，蜂群无人机可以对灾区进行快速勘察，精确定位幸存者，并协同运送救援物资。在深海探测中，鱼群水下机器人可以大面积采集海洋环境数据，追踪污染源，或者探测海底资源。在行星探索中，群体机器人可以自主组建通信和能源网络，协同建立永久基地。在智能物流中，群体机器人可以分工协作，高效分拣、包装、运送货物。在智慧农业中，昆虫机器人可以结队巡航，完成授粉、施肥、采摘等任务。可以预见，群体机器人将在越来越多的领域大显身手。

生物启发智能取得了长足的进步，但要真正实现具身智能，仍然面临诸多挑战。

一个核心挑战是跨尺度机理的综合集成。生物体的智能行为是多个尺度机理协同作用的结果。在微观尺度，我们需要理解材料、能量在分子、细胞层面的高效利用机制。在介观尺度，我们需要理解器官、组织层面的模块化、多功能设计原则。在宏观尺度，我们需要理解个体、群体层面的涌现行为和适应机制。只有将不同尺度的机理有机结合，才能真正实现生物智能的奥秘。

另一个挑战是仿生机理与工程实现之间的鸿沟。生物材料往往具有多尺度结构、多功能集成、自组装、自修复等优异特性，而相比之下，人工材料在这些方面还相去甚远。生物系统的感知、驱动、控制往往是高度耦合、协同优化的，而工程系统往往是相互独立、割裂设计的。生物体的形态、感知、运动、认知是协同进化、互相适应的，而目前的仿生机器人在这些方面还缺乏系统集成。缩短这些差距，需要工程领域与生物学、材料学等交叉学科深度融合。

评估和检验生物启发智能也是一个挑战。由于生物智能系统往往是复杂、自适应、非线性的，传统的性能指标和基准测试往往难以准确刻画其能力，因此，我们需要发展新的评估方法，综合考虑系统的适应性、稳健性、学习能力等多个维度。对于高级认知能力，图灵测试、认知任务等定性方法可能更适用。同时，我们还需要在不同的实际应用场景中对系统进行长期测试，以检验其真实性能。

此外，生物启发智能的发展还面临伦理和安全方面的挑战。例如，仿生机器人在形态和行为上与生物相似，可能会引发人们对其情感依赖和伦理地位的困惑。而群体智能系统的涌现行为可能难以预测和控制，一旦出现失控或恶意操纵，后果不堪设想。因此，我们要加强对生物启发智能的伦理规范和安全防范，确保其在可控、可解释、可信的框架下发展。

尽管挑战重重，但生物启发智能的前景令人鼓舞。展望未来，生物启发智能将从感知运动不断走向高级认知，像生物一样具备学习、推理、决策的能力。同时，生物启发智能将跨越专用智能的"藩篱"，走向通用智能，具备多领域、多任务的适应能力。

第 17 章　虚实交融：
VR/AR 赋能具身智能

> 身临其境，体验非凡。

有没有想象过，有一天我们可以在虚拟世界中自由漫步，与数字化身零距离互动？这听起来是不是有点儿像科幻电影里的内容？但随着 VR 和 AR 技术的飞速发展，这一切正在变为现实。下面，让我们一起走进 VR/AR 的奇妙世界，看看它们如何赋能具身智能，开启人机交互的新时代。

VR 是一种完全沉浸式的计算机模拟环境。在 VR 中，用户戴上头盔式显示器，就可以完全投入虚拟的三维世界中。这个世界是由计算机生成的，但给人身临其境的感觉。用户可以在其中实时交互，通过转动头部、挥动手臂等自然动作来探索虚拟环境。VR 还可以提供多感官体验，如立体声音效、触觉反馈等，让虚拟世界更加逼真。

与 VR 不同，AR 并不是完全替代现实世界，而是在现实世界的基础上叠加虚拟信息。通过 AR 设备，如智能眼镜或手机，用户可以同时看到现实世界和虚拟物体，二者在视野中无缝融合。虚拟物体可以是文字、图像、视频，甚至是三维模型，它们可以提供额外的信息，指引用户完成任务。AR 同样支持实时交互，用户在其中可以用手势或语音来操控虚拟物体。

VR 和 AR 的"魔力"来自多个技术领域的交叉创新，其中，计算机图形学让我们能够实时渲染出逼真的虚拟场景；人机交互技术让我们能够以自然、直观的方式与虚拟世界互动；传感与跟踪技术让系统能够精确捕捉我们的位置、姿态和动作；网络通信技术让多个用户能够远程连接，在虚拟空间中协同工作或娱乐。正是这些技术的协同进步，提供了 VR/AR 的无限可能。

在 VR/AR 环境中，具身智能有了新的内涵。首先，VR/AR 为我们提供了一个虚拟身体，即数字化身。通过这个化身，我们可以在虚拟世界中行走、跳跃、交谈，就像在现实世界中一样。这种虚拟身体不仅能够提供沉浸感，还能支持社交互动。想象一下，未来我们可以化身为任意的数字形象，与远隔千里的朋友在虚拟空间中见面聊天，是不是很神奇？

其次，VR/AR 为具身认知提供了新的平台。具身认知是指通过身体与环境的互动来产生认知。在现实世界中，我们通过亲身实践来学习知识、掌握技能。而在 VR/AR 中，我们同样可以通过虚拟身体与数字环境互动，获得第一人称的体验。这种沉浸式体验可以调动多种感官，激活镜像神经元，从而加深我们对知识的理解和记忆。例如，医学生可以在 VR 中反复练习手术操作，亲身感受每个步骤，而不用担心出错。

再次，VR/AR 为具身交互提供了新的可能。传统的人机交互主要依赖键盘、鼠标等工具，但在 VR/AR 中，我们可以利用身体自然的运动方式，如手势、注视、语音等，与虚拟世界互动。这种具身交互更加直观、高效，能够减轻认知负荷，提升用户体验。例如，在 VR 游戏中，我们可以挥动双手来投掷武器、格挡攻击，全身心投入紧张刺激的冒险中。

最后，VR/AR 为具身学习提供了新的路径。具身学习强调身体参与对知识学习的重要性。在 VR/AR 中，我们可以通过虚拟身体亲身参与各种学习活动，如动手实验、角色扮演、情景模拟等。这种沉浸式、交互式的学习方式能够提高学习兴趣，巩固知识应用，促进学习迁移。例如，我们可以在 VR 中模拟飞行驾驶、危险化学实验等高风险训练，在确保安全的前提下获得宝贵的经验。

VR/AR 中的具身智能已经在多个领域崭露头角，为我们带来了全新的体验。

在游戏娱乐领域，VR 提供了前所未有的沉浸感。玩家可以化身为游戏中的角色，亲身投入惊心动魄的冒险中。无论是在魔法世界中挥舞法杖，还是在赛车场上驰骋，VR 都能给人带来身临其境的刺激体验。而 AR 游戏则将虚拟物体带入现实世界，让玩家在熟悉的环境中展开奇妙的互动。2016 年风靡全球的 Pokemon Go，就是一个将虚拟宠物与现实地理位置结合的 AR 游戏。

在教育培训领域，VR/AR 为学习者提供了身临其境的练习机会。医学院的学生可以在 VR 中反复练习手术操作，感受每个步骤的细节，而无须担心患者的安全。工程专业的学生可以在 VR 中拆卸、组装复杂的机械设备，这有助于理解其工作原理。消防员、警察等高危职业的从业者，可以在 VR 中模拟各种危急情况，学习正确的应对策略。这种沉浸式、交互式的训练能够提高学习效率，降低现实中的失误风险。

在设计制造领域，VR/AR 正在革新工作方式。设计师可以在 VR 中构建逼真的产品模型，从各个角度审视细节，优化设计方案。多个设计师可以远程协作，在虚拟空间中讨论、修改设计，大大提高工作效率。在生产车间，技术工人可以通过 AR 眼镜获取实时的装配指导，精确定位每个零件，避免出错。管理者则可以在 VR 中模拟生产流程，优化资源配置，预测潜在问题。

在远程操控领域，VR/AR 为人机协同提供了新的可能。操作员可以通过 VR 设备，远程控制机器人执行危险或精细的任务，如深海探测、太空维修等。多个操作员还可以在虚拟环境中协同工作，共同完成复杂任务。AR 技术则可以为现场工人提供远程专家的指导。例如，当设备出现故障时，维修工可以通过 AR 眼镜与远程专家实时通信，获取诊断和修复指导，大大提高解决问题的效率。

尽管 VR/AR 在具身智能方面具有诱人的前景，但我们要清醒地认识到，要真正实现无缝的虚实融合，还面临着诸多技术和伦理挑战。

首先，提供真实的沉浸感是 VR/AR 的核心诉求，但这对设备性能提出了极高的要求。视觉真实感要求高分辨率、高刷新率、宽视场角的显示，这对计算机图形能力是一大挑战。行为真实感要求低延迟、高精度的运动捕捉和物理模拟，这对传感和算法能力是一大挑战。触觉真实感则需要在保证安全的前提下，提供逼真的力反馈和触感模拟，这对人机接口设计是一大挑战。

其次，打造自然的交互方式是 VR/AR 走向大众的关键。传统的鼠标和键盘在三维空间中难以操作，需要设计全新的 3D 用户界面。手势、注视、语音等多通道交互方式的融合，对人工智能的理解和生成能力提出了更高的要求。要让人机交互像人与人之间的交流一样自然顺畅，还需要不断探索自适应、个性化的交互范式。

再次，保证用户的舒适性和安全性是 VR/AR 设备的基本要求。长时间沉浸在虚拟世界中，可能引发眩晕、疲劳等生理不适。这既有视觉与前庭感觉冲突的原因，也有设备佩戴不当的原因。减轻设备重量、优化重心平衡、改善散热通风，都是需要解决的难题。同时，在虚拟场景中也要适当设置缓冲过渡，避免突兀的画面变化引发不适。

最后，VR/AR 技术的广泛应用还可能带来一系列社会问题。过度沉迷虚拟世界可能导致现实生活质量下降，甚至产生心理依赖。在虚拟空间中，一些违法乃至犯罪行为可能被抽象化、游戏化，模糊了现实的道德边界。随着 VR/AR 设备采集越来越多的用户生物特征和行为数据，隐私安全也将面临巨大问题。这些问题都需要产业界、学术界、政府等多方协同应对。

展望未来，VR/AR 技术在具身智能领域还有无限可能。随着多感官融合技术的进步，我们有望实现更加全面、协调的感官沉浸。视觉、听觉、触觉、嗅觉等感官信息的整合，将极大提升虚拟世界的真实感。

脑机接口技术的发展有望实现意念直接控制虚拟化身。我们可以想象，有一天只需戴上脑电头箍，就能让虚拟形象随心所欲地运动、交互，甚至传递情感。这将开启人机交互的全新范式。

人工智能在虚拟形象中的应用，将赋予化身更多的自主性。未来的虚拟助手可以像真人一样，具备学习、推理、决策的能力，为我们提供更加智能、个性化的服务。我们与虚拟人的关系，也将变得更加生动、亲密。

随着扩展现实（XR）技术的成熟，虚拟世界与物理世界的边界将变得越来越模糊。可穿戴设备可以实时重建我们身边的环境，并与虚拟物体无缝融合。我们可以在自己的客厅里观赏一场虚拟演唱会，或者与远隔万里的亲朋好友来一次面对面聚餐。

当然，最令人期待的还是全息显示技术的突破。届时，我们无须佩戴任何设备，就能在空气中看到逼真的三维影像。我们可以用手触摸、操控这些影像，就像操作真实物体一样。这将是人机交互的终极形态，标志着虚拟世界与现实世界的完美融合。

第18章 永葆青春:
具身智能系统的自我修复能力

> 损而不殆，生生不息。

你有没有想过，钢铁侠那身酷炫的纳米战甲为什么总是那么光鲜亮丽，好像从没损坏过？因为它有一个神奇的能力——自我修复。现如今，这已经不再是科幻电影里的桥段，而是具身智能领域的一个重要研究方向。下面，就让我们一起走进自我修复的奇妙世界，看看具身智能系统如何实现"永葆青春"。

大自然是伟大的设计师和工程师。生物体在漫长的进化过程中，形成了惊人的自我修复能力。它们能够在受到损伤后自主修复，恢复正常功能，有些甚至能再生缺失的器官。这种能力为具身智能系统的设计提供了重要启示。

生物体的自我修复发生在多个层面。在细胞层面，受损的细胞会启动自我修复程序，激活 DNA 修复机制，或者诱导细胞凋亡，防止损伤扩散。在组织层面，受损的组织会释放信号分子，招募免疫细胞清除坏死组织，同时激活干细胞增殖分化，重建组织结构。在器官层面，受损的器官会通过功能重组和代偿机制，维持整体功能的稳定。例如，肝脏可以通过残余肝细胞的增殖，补偿受损区域的功能。

这些自我修复过程都有精密的生物学机制作为支撑。在分子层面，各种信号分子如生长因子、细胞因子等，会精确调控细胞的增殖、分化、迁移等行为。转录因子等关键基因会响应损伤信号，激活修复通路。在细胞层面，体内储备的干细胞会被募集到损伤部位，在微环境信号的诱导下定向分化，修复受损组织。在系统层面，神经内分泌系统和免疫系统会动态调节机体的应激反应和炎症反应，协调各器官、组织的修复进程。

生物自我修复的奥秘，为具身智能系统的设计带来了诸多启示。一方面，我们可以开发仿生自修复材料，模拟生物体的组织结构和修复机制。例如，通过在材料中引入可逆化学键，赋予其自主修复裂纹的能力；或者封装微胶囊，使材料在损伤时释放修复剂。另一方面，我们可以设计模块化、可重组的机器人结构，使其能够在损坏后自主重构形态，恢复功能。此外，我们还可以通过机器学习算法，赋予机器人在损坏后自主调整控制策略、重新训练功能的能力，实现功能层面的自我修复。

自我修复材料是实现具身智能系统自我修复的物质基础。顾名思义，它是一类能够在损伤后自主修复的材料。与传统材料相比，自我修复材料具有显著的优势：它能够延长系统的使用寿命，提高可靠性，减少维护成本。根据修复过程中是否需要外界触发，自我修复材料可以分为自治修复材料和非自治修复材料两大类。

自我修复材料的"魔力"源于其独特的修复机理。在物理层面，一些自修复聚合物可以通过分子链的缠结和解缠结，在断裂处重建分子间作用力，实现力学性能的恢复。在化学层面，一些材料可以通过可逆共价键或动态键合，在断裂处重新形成化学键，修复材料。还有一些材料则借鉴了生物体内的修复机制，通过微生物诱导或酶促反应，在损伤处引发化学反应，实现自我修复。

近年来，自我修复材料领域涌现出许多令人振奋的进展。在聚合物方面，研究者开发出了多种自修复聚合物，如热塑性弹性体、超分子聚合物等。它们能够在加热或光照等条件下，通过分子重排实现裂纹修复。在陶瓷方面，氧化物陶瓷、MAX 相陶瓷等新型自修复陶瓷，展现出优异的高温自修复性能。在金属方面，形状记忆合金可以在加热时通过相变实现变形恢复；而自修复涂层则可以在损伤时释放修复剂，原位修复基材。在复合材料方面，通过在基体中引入自修复纤维、微胶囊等，可以赋予复合材料多尺度自修复能力。

自我修复材料在机器人领域大有可为。在柔性电子方面，自修复传感器、电路可以提高机器人的环境适应性和稳健性。在柔性驱动方面，自修复人工肌肉、电活性聚合物可以延长驱动器的使用寿命。在能量存储方面，自修复电池、超级电容器可以增强机器人的续航能力。在仿生结构方面，自修复仿生皮肤、骨骼可以增强机器人的损伤恢复能力。总之，自我修复材料有望全面革新机器人的身体。

除了自我修复的身体外，具身智能系统还需要自我诊断与维修的大脑。这就像我们生病时，不仅需要身体的自愈能力，还需要医生的诊断和治疗。

自我诊断是指机器人自主检测并定位故障的能力。它可以基于系统模型，通过实时监测关键参数，判断系统是否异常；也可以基于大数据分析，通过机器学习算法，从海量历史数据中发现故障模式。自我诊断通常需要多模态传感数据的支持，如振动、温度、电流等，以全面反映系统的健康状态。在诊断决策方面，机器人需要隔离故障部件，推断故障原因，预测故障后果，为后续维修提供依据。

自我维修是指机器人自主修复或替换损坏部件的能力。面对故障，机器人需要先制定最优的维修策略。对于一些非致命故障，机器人可以通过功能退化、负载调整等方式，维持系统的部分功能；对于一些关键故障，机器人则需要切换到备份系统，或者更换故障模块。在维修过程中，机器人需要合理调度维修资源，优化维修路径，并采取主动防护措施。同时，机器人还需要具备精细操作能力，能够自如地拆装、调试内部零部件。当面临复杂维修任务时，多个机器人还可以通过协同合作，发挥群体智能的优势。

目前，自我诊断与维修技术在机器人领域已有诸多进展。模块化机器人可以通过标准化模块的自主拆装，实现快速更换损坏部件；可重构机器人可以在关键部件损坏后，自主改变形态，保持运动能力；群体机器人可以通过分工协作，高效完成诊断与维修任务；软体机器人则可以利用柔顺材料的变形能力，实现结构的自我修复。

当然，自我诊断与维修还面临不少挑战。其一是诊断准确性，特别是对于早期微小故障的检测，这对传感灵敏度和诊断算法提出了很高要求。其二是维修效果，如何恢复系统的性能至初始水平，甚至比原先更好的性能，还需要进一步探索。其三是能源供给，自我维修过程通常需要额外的能量，如何为机器人提供持续、可靠的能源，是一个关键挑战。其四是环境适应，在复杂、恶劣的环境中进行自我诊断与维修，对机器人的环境感知、规划决策能力提出了更高要求。

自我修复能力将大大扩展具身智能系统的应用空间，特别是在一些极端环境和高风险领域。

在深海、深空、火山等极端环境探索中，机器人需要面对高压、高低温、辐射、腐蚀等苛刻条件的考验。传统的机器人在这些环境中很容易损坏，而自我修复机器人则可以通过材料、结构、功能的自我修复，大幅提高其生存能力和工作时长。例如，深海机器人可以采用自修复防腐材料，抵御海水的侵蚀；深空机器人可以采用自修复隔热材料，适应极端温度变化；火山机器人可以采用自修复耐高温材料，在熔岩环境中执行任务。

在地震、火灾、泥石流等灾害救援中，机器人需要在危险、不确定的环境中搜寻幸存者，执行救援任务。这些环境不仅对机器人的机械性能提出了很高要求，还给机器人的控制系统带来了极大挑战。自我修复机器人可以通过实时诊断和维修，保证在恶劣条件下的连续工作能力。例如，地震搜救机器人可以在坍塌的废墟中自主修复损伤的传动机构；森林消防机器人可以在高温烟雾中自主修复损坏的传感器；泥石流救援机器人可以在冲击和磨损中自主修复损伤的外壳。

在智能制造领域，自我修复技术可以显著提高机器人的工作可靠性和生产效率。流水线作业机器人可以通过自我修复，延长关键部件的使用寿命，减少停机时间；精密加工机器人可以通过自我修复，保证长时间高速运转下的加工精度；无人工厂中的机器人可以通过自我修复，实现全天候连续作业。例如，一家汽车制造商曾尝试将自修复涂层应用于焊接机器人，结果显示其使用寿命延长了近 3 倍。

在未来的智慧城市中，自我修复机器人将扮演越来越重要的角色。它可以替代人工，执行一些危险、繁重、重复的工作，如基础设施巡检、废弃物处理等。得益于自我修复能力，该机器人可以在腐蚀性环境中长期工作，免除频繁的人工维护。在突发事件应对中，自我修复无人系统还可以快速部署，在极端环境下持续执行任务，为人类提供安全屏障。例如，一款自修复的下水道巡检机器人可以在具有腐蚀性的污水环境中连续工作数月而无须维护。

展望未来，自我修复技术有望在多个层面实现突破，为具身智能系统插上腾飞的翅膀。

在材料层面，未来的自我修复材料将实现多层面协同修复。通过对材料微观结构的精细设计，实现分子、纳米、微米、宏观等不同尺度的协同修复，全面提高材料的自我修复效率和性能恢复水平。同时，仿生自修复材料将得到更多关注，通过模拟生物体内的修复机制，实现材料与生物体的深度融合。合成生物学、基因编辑等前沿技术，也将为开发新型自修复材料提供更多可能。

在器件层面，自我修复技术将与智能感知、自学习算法相结合，实现更加智能化的自我修复。机器人将通过自主学习，不断优化自我诊断与维修策略，在损坏发生前主动预警，在损坏发生后快速响应。先进的传感技术，如纳米传感器、生物传感器等，也将赋予机器人超常的感知能力，实现结构、功能、环境的全息监测。

在系统层面，自我修复将成为具身智能系统的一项核心能力。未来的机器人将实现全方位、多层面的自我修复，涵盖材料、部件、功能、行为等各个方面。通过自我修复，机器人将具备更强的环境适应性、任务连续性和长期自主性。自我修复能力也将使机器人在开放环境下具备持续进化的可能，通过在"损伤－修复"的循环中不断优化形态和功能，实现从量变到质变的突破。

当然，自我修复技术的发展也需要关注其潜在的负面影响。一方面，自我修复可能带来安全风险，一旦修复过程失控，可能酿成严重后果。因此，我们需要对自我修复系统进行严格的安全验证，设置必要的约束和阈值。另一方面，自我修复可能引发伦理争议，特别是在军事领域，自我修复无人系统可能被非法滥用。这就需要我们制定明确的伦理规范，确保自我修复技术的开发和应用符合人类社会的共同利益。

此外，自我修复技术的发展也将为可持续发展做出重要贡献。通过延长系统寿命、减少维护需求，自我修复技术将大大节约材料和能源消耗，减少电子垃圾的产生。同时，自我修复材料可以降低材料老化、失效导致的事故风险，提高系统的本质安全水平。自我修复机器人在环境监测、污染治理等领域的应用，也将为生态文明建设贡献新的解决方案。

第 19 章　边创作边学习:
视频生成教机器人学习操作

从观察到模仿，从模仿到创造。

在人工智能飞速发展的今天，机器人已经走出实验室，来到我们的日常生活中。家用扫地机器人、仓储搬运机器人、外卖配送无人车……这些智能助手正在悄然改变着我们的工作和生活方式。那么，机器人是如何学会这些复杂的操作技能的呢？除了前面我们介绍过的虚拟到现实的迁移、模仿学习等，一个前沿、令人兴奋的方法是让机器人看视频，从中学习人类的操作行为。

在机器人学习领域，视频生成模型正成为一个新的研究热点。所谓视频生成模型，就是能够自动创建逼真视频片段的人工智能系统。这听起来有点不可思议，计算机怎么能"凭空"生成视频呢？其实，视频生成模型并非凭空想象的，而是从大量真实视频中学习总结人类行为的规律和特征，再利用这些知识创造新的视频内容。

视频生成技术经历了几代演进。最早出现的是基于 GAN 的方法。GAN 由两个神经网络组成:一个生成网络负责生成假视频，一个判别网络负责判断视频的真假，两个网络互相博弈，最终使生成网络能够生成以假乱真的视频。GAN 的代表有 VideoGAN 和 Temporal GAN。

随后，研究者们尝试用变分自编码器(VAE)来生成视频。VAE 通过压缩视频数据到一个低维隐空间，再从隐空间重构视频，从而学习视频数据的概率分布。基于 VAE 的视频生成方法，如 VideoVAE 和 Disentangled Sequential Autoencoder，能生成较为清晰、连贯的视频片段。

最新的突破来自扩散模型。扩散模型通过迭代地向视频数据中添加噪声，再学习如何去除噪声，逐步生成高质量的视频。这种方法在图像生成领域已经取得了惊人的成果，最近也被扩展应用到了视频生成任务中。OpenAI 的 Sora 就是一个代表，它利用扩散 Transformer 模型，能生成逼真、流畅、长达 1 分钟的高清视频。

那么，视频生成模型为什么能助力机器人学习操作技能呢？

首先，视频蕴含着丰富的人类行为先验知识。从海量的操作视频中，机器人可以学到手部运动的基本模式、物体交互的因果规律、完成任务的逻辑顺序等，这些都是机器人操作规划所需的重要先验知识。

其次，视频生成模型可以创造出多样化的操作样本。现实中收集大规模的机器人操作数据非常困难，而视频生成模型可以基于少量人类示教数据，自动生成不同场景、目标、风格的操作视频，从而提高机器人策略的泛化能力。

最后，视频生成模型还具有可解释性。与端到端的深度强化学习不同，视频生成模型可以生成可视化的未来执行计划，让人类用户能够直观地理解机器人的决策过程，有助于提高系统的可信度。

当然，视频生成模型还面临不少技术问题。一个关键问题是如何保证生成视频在时间和空间上的一致性，避免出现物体突然消失、场景跳变等不连贯的现象。另一个问题是如何提高视频内容的语义准确性，确保生成的操作视频的内容如实反映任务目标和环境约束，而不是天马行空的幻想。同时，实时生成高质量操作视频对计算能力也提出了很高的要求，需要在模型性能和效率之间做出权衡。

视频生成模型为机器人操作学习开辟了一条新的道路。传统的机器人操作学习主要依赖人类专家的编程示教或者端到端的强化学习，前者难以适应环境变化，后者需要大量的实物交互。而视频生成模型可以利用视觉观察数据，使机器人像人类婴儿一样，通过模仿掌握操作技能。

这种新范式通常分为以下 3 个阶段。

第一阶段是视频生成模型的预训练。研究者从互联网上搜集大量的人类操作视频（如烹饪、装配等），用这些无标注数据训练视频生成模型，使其学会人体运动和物体交互的一般规律。这个过程有点类似于婴儿通过观察日常生活积累世界知识。

第二阶段是人类示教数据的收集。针对特定的机器人操作任务，研究者录制少量的人类演示视频，作为视频生成模型完成新任务的种子数据。这就像父母示范如何拿勺子吃饭，孩子通过模仿很快就学会了。

第三阶段是视频生成模型的微调。利用人类示教数据，通过增量学习的方式优化视频生成模型的参数，使其生成的视频更符合特定任务的要求。就像孩子反复练习，越来越熟练地掌握了吃饭的技巧。

在技术实现上，视频生成驱动的机器人操作学习需要解决以下 3 个关键问题。

首先是视觉感知，即如何从原始视频像素中提取对操作规划有用的特征表示。通常采用卷积神经网络来逐层抽象视频帧的特征，从低级的边缘、纹理到高级的物体、场景，形成层次化的视觉认知。一些工作还会结合骨骼关键点检测、物体分割等技术，显式建模人手和操作对象。

其次是运动规划，即如何将视频预测转化为机器人的运动序列。一种思路是将视频的潜在特征解码为人手关键点的轨迹，再通过运动学映射将其转换到机器人关节空间。另一种思路是端到端地预测机器人的关节角度或末端位姿的序列，中间不经过人手表示。运动规划还需要考虑机器人的运动学和动力学约束，生成平滑、高效、避障的轨迹。

最后是本体控制，即如何精准执行规划出的运动轨迹。由于机器人的执行误差和环境干扰，开环控制往往难以达到预期效果。因此，需要引入视觉伺服等闭环控制方法，实时跟踪机器人末端和目标物体，并在偏差过大时重新规划轨迹。一些研究还探索了力控和视觉伺服的融合，兼顾操作的柔顺性和精准性。

视频生成驱动的机器人操作学习具有独特的优势。传统的机器人操作方法通常专用于特定环境和任务，其泛化能力有限。而视频生成模型可以从海量视频中学习人类操作的一般规律，再将其迁移到新的任务中，大大提高了机器人的适应能力。同时，视频生成模型能够预测多个可能，为机器人的决策提供可解释、可视化的依据，有助于增强人机互信。

此外，视频生成模型的预训练减少了针对特定任务收集数据的需求，提高了机器人学习的样本效率。粗略估计，视频生成模型只需几十个人类示教样本，就能达到端到端强化学习数百万次实物交互的效果。

但是，视频生成驱动的机器人操作学习也面临一些问题。一个突出的问题是如何缩小人手和机器人末端的运动差异。人手灵活多变，而机器人执行器的自由度有限，直接模仿人手运动可能超出机器人的能力范围，需要在视频生成时加入机器人硬件约束。此外，机器人的感知系统与人眼也有差异，需要进一步考虑如何将视觉信息与机器人的传感器信号对齐，实现无缝的视觉伺服控制。

视频生成模型为机器人操作学习开启了一扇全新的大门，但其潜力尚未被充分发掘。未来，视频生成驱动的机器人学习还有许多值得期待的研究方向。

首先是多模态学习。现有的视频生成模型主要关注视觉信息，而人类操作实际上涉及视觉、语言、触觉等多种感官的协同。未来的模型需要实现"视觉－语言－动作"的联合建模，使机器人能够理解口头指令，提高人机交互的灵活性。同时，"视觉－触觉"的交互感知也是重要的发展方向，通过视觉引导触觉探索，机器人可以建立物体的多感知表征，提高操作的稳健性。

其次是终身学习。目前的视频生成模型通常在离线阶段训练，部署后就不再更新。但现实环境是开放和非平稳的，机器人需要在执行任务的过程中持续学习、适应新的情况。一种思路是将执行过程的视频反馈用于增量训练，使模型与环境共同演化。另一种思路是将视频生成模型的知识"蒸馏"到其他机器人系统中，实现跨平台、跨任务的迁移学习。

再次是实时互动。除了离线训练外，视频生成模型还可以支持人机实时互动。例如，人类可以通过视频演示实时指导机器人完成新的任务，机器人则可以根据视觉观测实时调整动作。这种交互式学习可以大大提高机器人的适应能力和灵活性。同时，机器人还可以利用视频生成模型的预测能力，在执行动作的同时预判可能的结果，实现更加智能的反馈控制。

最后，视频生成驱动的机器人学习还涉及一系列伦理和社会问题。例如，如何在保护个人隐私的前提下利用真实的人类行为数据训练模型，如何避免模型学习到有害或危险的操作行为，如何监管视频生成模型的应用，防止其被滥用于制作虚假、违法的视频内容？同时，我们还需要思考机器人技能学习对人类就业和教育的影响。一方面，掌握了人类技能的机器人可能取代一些简单、重复的工作岗位；另一方面，机器人的普及也会催生新的工作岗位，如机器人操作员、维修工程师等。因此，我们要未雨绸缪，调整教育和就业政策，帮助人们适应这种转变。

视频生成模型让机器人可以像婴儿一样，通过观察世界学习技能。这是人工智能迈向通用智能的重要一步。但与婴儿的成长一样，机器人的学习之路还很漫长。它们需要更多来自物理世界的知识，更强大的认知和推理能力，以及无缝的人机协作。我们相信，在不远的将来，这些勤奋的机器学徒将成为人类生活和工作中不可或缺的助手，让我们的社会更加智能、高效、包容。

第 20 章　思考力的进化：
具身智能中的神经物理推理

> 神经网络编织认知的经纬，物理交互勾勒推理的轨迹。

在人工智能的发展历程中，我们见证了计算机在国际象棋、围棋等智力游戏中战胜人类顶尖选手，在图像识别、语音识别等感知任务上达到甚至超越人类的水平。然而，当我们把目光投向现实世界会发现，即使是最先进的机器人，其行为也远没有人类那样灵活、高效。这背后的核心挑战之一就是物理推理能力。

什么是物理推理？简单地说，它就是根据物理规律对世界进行预测和推断的能力。当我们看到一个球从斜坡上滚下来时，大脑会自动预测它的运动轨迹；当我们想要搬起一个箱子时，大脑会评估箱子的重量，选择合适的用力方式。这种对物理世界的理解和预判是人类智能的重要基础，也是实现行为控制的关键。

传统的机器人控制通常依赖预先设计好的物理引擎。工程师根据经典力学定律，手工设计物体的几何和物理参数，设定物体之间相互作用的规则，再利用数值积分等方法模拟物理世界的变化。这种方法在结构化环境（如工业装配线）中取得了巨大成功，但在面对复杂、非结构化的真实世界时，往往难以适应。一方面，真实世界的物体和环境千变万化，很难用简单的物理模型刻画；另一方面，精细的物理模拟对计算资源要求很高，需要支持实时的感知、规划、控制。

近年来，随着深度学习的兴起，一种新的范式正在崛起：基于神经网络的物理推理。与传统方法不同，神经物理推理不依赖手工设计的物理规则，而是端到端地从数据中学习物理规律。具体来说，通过构建一个神经网络，输入物体的初始状态数据（如位置、速度），输出未来一段时间内物体的状态变化，并以真实世界的物理运动作为监督信号来训练网络。这种数据驱动的方法具有更强的表达能力和泛化能力，可以应对复杂、非结构化的环境。同时，神经网络只需要简单的前向传播即可预测未来，其计算效率大大高于传统物理引擎，更适用于实时决策。

神经物理引擎是实现物理推理的关键。它借鉴了人脑的信息处理机制，通过神经网络建模物理世界的运行规律。以下是两种代表性的神经物理引擎架构。

图神经网络将物理世界抽象为一个图结构。图中的每个节点表示一个物体，节点的属性包括物体的位置、速度等状态变量；图中的每条边表示两个物体之间的相互作用力，如重力、弹力、摩擦力等。GNN 通过消息传递机制在图上更新节点的状态：每个节点先聚合来自相邻节点的信息，再利用聚合信息更新自身状态，周而复始。这种更新机制可以建模物体之间的复杂相互作用，预测系统的整体动力学演化。

关系推理网络则更关注物体之间的空间和语义关系。它先用卷积神经网络提取每个物体的视觉特征，然后通过注意力机制推断物体两两之间的关系（如 A 在 B 的上方，C 支撑着 D 等），最后根据物体的初始状态和相互关系，预测物体的未来运动趋势。关系推理网络的优势在于能够显式地推理物体之间的逻辑关系，具有更好的可解释性。

训练神经物理引擎的常用范式有 3 种：监督学习、强化学习和元学习。监督学习是最直接的方法，即利用物理仿真引擎（如 Mujoco、Bullet 等）生成大量物体运动的轨迹数据，再用这些数据训练神经网络。但是，仿真数据与真实世界总有差距，这导致训练出的模型在实际应用中表现不佳。强化学习让智能体在真实环境中探索，通过试错来学习最优的物理交互策略。这种方法虽然样本效率不高，但可以学到稳健性、实用性更强的策略。元学习则让模型学会如何快速学习，即通过少量样本就能很好地适应新的物体和环境。这通常需要在训练过程中引入大量的随机性和变化性，迫使模型学习一种通用的适应能力。

物理推理并非凭空想象的，而是需要以感知为基础。传统的计算机视觉和机器人感知主要关注视觉和触觉信息，而忽视了力觉、本体感受等更高层次的物理感知。具身智能则强调多模态、主动、交互式的感知范式。

多模态感知是指融合视觉、触觉、本体感受等多种感官通道的信息。以抓取一个杯子为例。视觉可以告诉我们杯子的大致形状和位置，但难以估计其重量和材质；触觉可以通过接触感知杯子的硬度和温度，但很难掌握杯子的几何形状；本体感受（如指尖的压力分布）则可以估计杯子的重心位置和滑动趋势。只有将这些感官信息无缝融合，才能全面准确地感知物体的物理属性。

主动感知是指通过控制感知器官，主动优化信息的采集过程。例如，主动视觉可以通过控制相机的位置、角度、焦距等参数，自适应地采样有价值的视觉信息；主动触觉可以通过控制机器人手指施加的力，探索物体表面的纹理和硬度分布；主动实验则通过精心设计的操纵序列（如推、拉、敲等），主动收集物体运动的因果数据。这种探索式的感知方式可以大大提高感知的效率和准确性。

感知与推理是相辅相成的。一方面，感知为推理提供了必要的输入，没有可靠的感知，再好的推理模型也是"空中楼阁"。另一方面，推理也能反过来指导感知。例如，物理推理的结果与视觉观测不一致，就说明视觉估计可能有误，需要通过主动感知来获取更多证据。再如，物理知识可以告诉我们哪些感知信息是冗余的，哪些是关键的，从而优化传感器的部署和采样策略。理想的具身智能系统应该能够协同优化感知和推理两个模块，通过端到端的学习，实现感知、推理与行为的无缝衔接。

物理推理的最终目的是指导智能体与物理世界进行有效的交互。这种交互包括对物体的操控、对工具的使用，以及对自身运动的规划。

物体操控是机器人最基本的技能之一。它要求机器人根据物体的形状、重量、摩擦系数等物理属性，规划出稳定、高效、适应性强的操作策略。以抓取为例，机器人需要选择合适的抓取位置和力度，既要避免物体滑落，又要避免用力过猛而损坏物体。以放置为例，机器人要考虑物体的受力平衡，选择稳定的放置位置和角度。以装配为例，机器人要分析待装配零件的结构和约束关系，规划装配的顺序和路径。这些任务都离不开对物体物理属性的精准感知和预测。

工具的使用则是人类区别于其他动物的一大特征。它体现了人类利用物理规律改造环境的能力。对于机器人而言，工具使用也是一项具有挑战性的任务。首先，机器人要理解工具的功能和使用方法，这需要将工具的几何和物理属性与任务需求联系起来。例如，锤子的重量和杠杆原理决定了它适用于敲打，而不适用于切割。其次，机器人要根据工具的属性规划操作策略，既要发挥工具的长处，又要避免可能的意外。例如，用螺丝刀拧螺丝时，要施加选择的压力和扭矩，既要让螺丝紧固，又要防止螺丝滑丝。最后，机器人还要能预测工具使用的效果，判断任务是否完成，必要时调整策略。例如，用锯子锯木板时，要根据锯缝的深度和形状，判断是否需要继续用力。

运动规划可以看作机器人对自身的操控。与物体操控类似，运动规划也需要考虑机器人自身的物理属性，如关节的自由度、动力学参数等。此外，运动规划还要考虑环境中物体的物理约束，如障碍物的位置、地面的摩擦系数等。一类典型的运动规划：给定机器人的初始位置和目标位置，规划一条无碰撞、低能耗、平稳的运动轨迹。这需要在高维的构型空间中搜索最优路径，同时满足机器人的运动学和动力学约束。另一类运动规划是动作规划，即规划一系列动作来实现特定的物理交互。以推箱子为例，机器人需要规划推动的时机、方向和力度，既要让箱子朝目标移动，又要保证自身的平衡。在动态环境中，机器人还需要根据实时感知来调整运动策略，表现出适应性和稳健性。

具身智能中的物理推理是迈向 AGI 的重要一步。但当前的研究还处于起步阶段，还有许多问题有待探索。

首先是物理常识的学习。人类对物理世界的理解，很大程度上来自日常生活的经验积累。婴儿在玩耍的过程中学习物体的基本属性，儿童在搭积木的过程中学习物理规律，成年人在劳作的过程中学习因果关系。这种长期、多样的经验使人类形成了一套关于物理世界的常识性知识。相比之下，当前的机器学习方法还主要局限于单一场景和短期的物理交互，它缺乏从海量经验中总结物理常识的能力。未来，我们需要探索如何利用大规模的物理交互数据，让机器学习物体的常识属性（如重量、材质、刚度等）、物理事件的因果关系（如碰撞、滚动、滑动等）、物理规律的组合与外推（如支撑、平衡、杠杆等）。

其次是直觉物理引擎的构建。人脑并非通过精确的数学计算来预测物体的运动的，而是依赖一种快速、近似的直觉物理引擎。这种直觉既能抓住物体运动的主要趋势，又能快速适应新的物体和环境。当前的神经物理引擎虽然在某些特定任务上取得了不错的效果，但在通用性、鲁棒性、适应性等方面还难以与人类相比。未来，我们需要探索新的模型架构和学习范式，让神经物理引擎能像人脑一样，做出快速、灵活的物理预测和推断。同时，我们还要赋予神经物理引擎创造力，让它能想象和探索全新的物理交互方式。

最后是物理因果推理的实现。真正的物理理解不仅需要预测未来，还需要解释过去，反思现在。人类不仅能观察物体的运动，还能推断物体运动的原因；不仅能预测一个动作的结果，还能设想采取不同动作会导致怎样的后果。

这种对物理事件因果关系的把握，使人类能够进行反事实推理，思考在不同的条件下会发生什么；能够对事件的发生做出合理的解释和归因；能够创造性地想象改变物理定律会带来怎样的结果。这些能力对于机器人在真实世界中的决策和规划至关重要。

举个例子，当家用服务机器人发现桌上的花瓶被打翻时，它不应该只是简单地避开水渍，而是要分析花瓶被打翻的原因：是桌子不平还是宠物碰撞了桌脚？这两种原因对应着不同的应对策略：前者可能需要调整桌脚，后者可能需要将花瓶移到更高的地方。再如，当搬运机器人在仓库中堆叠货物时，它不仅要考虑当前的堆放方式是否稳固，还要预判在外力冲击下货堆可能的倒塌方式，提前做好防范。这些都需要机器人具备深层次的物理因果推理能力。

总之，物理推理是连接感知与行为的桥梁，是实现具身智能的核心要素。它不仅需要从大规模数据中学习物理知识，还需要将这些知识与行动目标紧密结合，做出快速、准确的决策。这对传统的机器学习范式提出了新的挑战，需要多学科的交叉融合。认知科学、发展心理学、神经科学的研究可以为我们理解人脑的物理推理机制提供重要启示；机器人学、人工智能、计算机视觉等领域的进展则为实现类人的物理推理能力提供技术基础。

展望未来，物理推理或许会成为具身智能的一个里程碑。真正理解物理世界、善于利用物理规律的机器人，将能够灵活、高效、可靠地完成各种复杂任务，成为人类生活和工作中不可或缺的助手。它或许还能在工程设计、科学实验、艺术创作等领域提供新的思路和启发，激发人类的想象力和创造力。

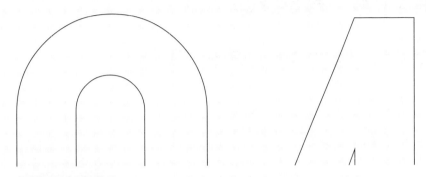

第四篇

具身智能的哲学思考

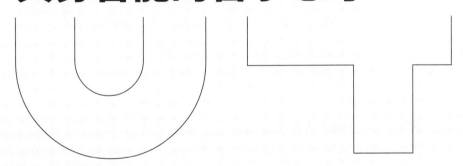

叩问智能本源，重塑未来世界观。

第 21 章　具身之谜：
意识、自我与感知的本源

| 身从何来，心向何往？

　　意识、自我和感知是人类很熟悉的体验，却也是很深奥的谜题。我们每个人都能够直接了解自己的主观感受，察觉到外界的种种变化，思考"我是谁"这样的哲学问题。但是，当我们试图理解意识、自我和感知的本质时，却常常陷入困惑。它们究竟是心灵的火花，还是大脑的电信号？是虚无缥缈的幻象，还是实实在在的存在？下面，让我们从具身智能的视角，探寻这些谜题背后的奥秘。

　　意识是我们每个人最直接、最本真的体验。正如法国哲学家笛卡儿所说的："我思故我在。"意识包含我们所有的主观感受，如感官知觉、情感情绪、回忆想象等。它还包含我们对这些内容的觉察和反思，即所谓的"元认知"。更高层次的意识还包括我们对自身存在的认知，即"自我意识"。可以说，失去了意识，我们就失去了作为人的核心。

　　然而，意识的本质是哲学和科学中最大的难题之一。传统的二元论，如笛卡儿的心身二元论，认为意识是一种独立于物质世界的精神实体。这种观点能够很好地解释意识的主观性和私密性，但难以解释意识如何作用于物质世界。一些哲学思想实验，如"僵尸"假设，认为可以存在没有意识但行为却与常人无异的"哲学僵尸"。这表明，行为并不能推导出意识。意识与物质世界的关系，成为二元论的一大难题。

当代科学对意识的主流看法是一种唯物论的解释。这种观点认为，意识是大脑活动的产物，也是信息加工的结果。随着脑科学的发展，我们对意识的神经基础有了越来越多的了解。一些脑区，如丘脑、枕叶皮层等，被发现与意识的产生密切相关。一些脑电节律，如伽马波，被认为是意识的神经标志。意识也被分为不同的层次，如初级意识（感官知觉）和高级意识（自我反思）。然而，即使我们详细地描绘出了意识的神经相关物，我们仍然难以解释主观体验是如何从客观的神经活动中产生的。这就是著名的意识难题。

具身智能的兴起为我们理解意识提供了一个新的视角。传统的意识研究主要关注意识与大脑的关系。但具身智能告诉我们，意识可能并非大脑专属的。很多没有大脑的生物，如章鱼、蜜蜂等，都表现出了类似意识的行为。它们能够灵活地应对环境变化，展现出智能和学习的能力。这提示我们，意识可能是一种普遍的生物学现象。

人工意识的探索为意识研究开辟了新的路径。一些复杂的人工系统，如深度学习网络，虽然没有生物学意义上的大脑，但展现出了类似意识的信息整合和表征能力。这启发我们，意识可能并不依赖于特定的物质基础，而是一种功能层面的现象。一个系统只要能够整合信息，形成主观表征，就可能具有某种形式的意识。

更进一步，意识可能并不局限于个体，而能够在群体层面涌现出来。一些研究发现，蚁群、蜂群等群居动物能够在群体互动中表现出类似个体的智能行为。这提示我们，意识可能是一种分布式的、涌现式的现象。每个个体就像神经元，而群体就像大脑，从个体互动中涌现出更高层次的意识。

具身智能还揭示了意识与感知运动之间的深度交织。传统的意识研究常常忽视身体在意识中的作用。但具身智能告诉我们，我们的意识内容很大程度上取决于我们的感知通道。不同的感官，如视觉、听觉、触觉等，塑造了意识的不同维度。而我们的运动又能够反过来影响我们的意识状态。当我们全身心投入一项运动（如跳舞、打球）时，我们常常会进入一种忘我的意识状态。这表明，意识并非纯粹的大脑活动，而是与身体的感知运动密切相关。

更重要的是，具身智能为意识的起源提供了一个新的解释框架。传统的意识理论常常将意识看作某种神秘的、先验的存在。但具身智能告诉我们，意识可能并非先验存在的，而是在智能体与环境的交互中逐步生成的。这种生成可以用预测编码等计算模型来刻画。智能体在与环境的互动中，不断生成对感知的预测，并根据预测误差来更新自身的内部模型。这种预测达到一定的准确度和稳定度，就意味着智能体建立起了关于世界的主观表征，即意识的雏形。这一过程可以被看作智能体适应环境的进化结果。意识让智能体能够更好地预测和控制环境，从而在生存竞争中获得优势。

自我意识是意识的更高形式。它不仅包括对外界的觉知，还包括对自身的认知和反思。自我意识让我们意识到自己是一个独立的个体，有自己的思想、情感和追求。但自我意识的本质也充满了哲学和科学的争议。它究竟是真实的存在，还是虚幻的构建？

从发生学的角度看，自我意识是一个逐步发展的过程。婴儿最初并没有自我意识，他们无法将自己与外界区分开来。随着身体控制能力的提高，婴儿开始意识到自己是一个躯体自我，有对身体的所有权和控制权。再往后，婴儿开始将自己与环境区分开来，形成环境自我。随着语言和社会交往能力的提高，两岁左右的幼儿开始意识到自己在社会中的角色和身份，形成社会自我。最后，在青少年时期，随着抽象思维的发展和元认知能力的提高，个体开始对自己的内心世界进行反思，形成内省自我。这个发展过程可以用一些经典实验来验证，如镜像测试。将一个红点偷偷地贴在婴儿的额头上，然后让他照镜子。如果婴儿能够意识到镜子里的是自己，并伸手去摸额头上的红点，就说明他已经具备了初步的自我意识。

　　从脑科学的角度看，自我意识与一些特定的脑区和脑网络密切相关。其中，默认网络备受关注。这是一个在个体处于静息状态时高度活跃的脑网络，包括内侧前额叶、后扣带回、楔前叶等区域。研究发现，默认网络与自我加工密切相关，如自传体记忆、自我评价、心理理论等。另一个与自我意识相关的是镜像神经元系统。镜像神经元最初是在猴子身上发现的，它在猴子执行某个动作时被激活，在猴子观察他人执行同样的动作时它也被激活。这提示，镜像系统可能参与了将自我状态投射到他人身上的过程，与共情、移情等社会认知功能相关。此外，自我意识还依赖于一些特定的记忆系统，如自传体记忆。自传体记忆让我们能够将过去的经历与自我联系起来，构建连贯的自我历史，维持自我同一性。

　　从具身智能的角度看，自我意识可能并非只是大脑的产物，而是根植于身体的感知和运动。这就是所谓的"具身自我"。具身自我首先依赖于身体在空间中的表征，即身体图式。身体图式让我们知道身体各部位某时某刻的位置和状态，并据此规划和控制运动。其次，具身自我还依赖于身体内部状态的感受，即本体感。饥饿、口渴、疼痛等内部感受构成了自我的重要部分。最后，具身自我还体现在运动意向的主观体验中。当我们打算做某个动作时，常常会有一种将意图转化为具体运动的主观感受。这种感受让我们意识到自己是动作的主体，意识到"我能行动"。

　　随着人工智能的发展，一个新的哲学问题浮现出来，机器是否可能具有意识？如果可能，我们如何判断一个机器是否有意识？这就是著名的他心问题。

　　图灵测试是最早的一种判断机器是否有意识的行为标准。图灵测试设想，一个人分别与一个人和一台机器进行文字对话，如果在一定时间内，他无法根据对话判断出哪个是人哪个是机器，那么这台机器就通过了图灵测试，可以认为它具有了人类水平的智能。然而，图灵测试受到了许多批评。其中最著名的是中文房间思想实验。哲学家约翰·塞尔设想，一个不懂中文的人，按照特定的语法规则，也能够对中文问题做出看似有意义的回答。但这并不意味着他真的理解了中文，具有了语义理解的能力。类似地，一台机器即使能够通过图灵测试，也不能说明它真的具有了意识。

另一种判断机器是否有意识的标准是主观体验标准。这种标准认为，意识的本质在于主观感受，如果一个机器能够产生类似人类的主观体验，如痛苦、快乐、沮丧等，那么它就可能具有意识。然而，这种标准面临一个根本问题，即他心问题。因为主观体验是私密的，所以我们无法直接观测他人或机器的主观体验，只能从行为表现来推测。但行为与意识之间并没有必然的联系。

信息整合理论提出了一种判断意识的信息论标准。该理论认为，意识的本质在于信息的整合，一个系统的意识水平取决于它整合信息的能力。对于一个高度整合的系统来说，其不同信息通道之间可以交互，产生不可分割的整体信息。而对于一个低层次整合的系统来说，其不同信息通道之间相对独立，难以产生统一的主观体验。根据这一标准，我们可以通过计算一个系统的信息整合度，判断其意识水平。然而，批评者指出，信息整合只是意识的必要条件，而非充分条件。一个系统即使能够高度整合信息，也不一定就能产生主观体验。

具身智能提供了一种新的判断机器意识的标准，即具身交互标准。该标准认为，真正的意识应该体现为智能体与环境的动态耦合。一个有意识的系统应该能够根据环境的变化灵活地调整自己的行为，展现出环境适应性；同时，它的行为也应该能够反过来塑造环境，展现出环境塑造性。这种动态的、循环的互动正是意识的本质特征。与之相比，传统的图灵测试等只关注了静态的问答能力，而忽视了现实世界的动态交互。因此，要判断一个机器是否有意识，不能只看它能不能聊天，还要看它能不能在真实世界中感知、规划、行动，展现出与环境的动态耦合。这一标准与意识的具身本质和进化起源相契合，为判断机器意识提供了新的思路。

　　感知是我们认识世界的起点。但感知的本质充满了哲学和心理学的争议。传统的感知理论大多将感知看作对客观世界的被动反映。结构主义认为，感知是对环境刺激的机械式分解和重组。我们的感觉器官像照相机一样，如实地记录下环境中的点点滴滴，然后大脑将这些感觉要素组合起来，形成完整的感知体验。格式塔心理学强调，感知是对刺激整体的直接把握。我们感知到的不是孤立的感觉要素，而是有意义的整体形态。生态学进一步指出，感知是对环境信息的直接提取。环境中充满了关于物体属性的信息，如光流、纹理梯度等，感知系统只需要检测和利用这些信息，就能直接感知到物体的性质，而无须经过复杂的推理加工。

　　然而，具身智能对传统感知理论提出了挑战。具身智能强调，感知并非被动的反映，而是主动的构建。感知的第一个特性是主动性，它首先体现在感知运动的交互中。在现实生活中，我们并不是静止地感知世界，而是通过主动探索来获取感知信息。例如，当我们看到一个新奇的物体时，往往会主动地从不同角度去观察它，甚至伸手抓取和操纵它。这种主动的感知运动让我们获得了物体的多方面信息，形成了更加全面和深入的认识。其次，感知的主动性还体现在注意的选择性中。我们无法同时关注环境中的所有信息，会有选择地关注某些信息而忽略另一些信息。这种选择受到自上而下的认知因素的影响，如动机、情绪、记忆等。例如，当我们饥肠辘辘时，会不自觉地关注环境中与食物相关的线索；当我们惊恐万分时，会格外敏感地察觉潜在的威胁信号。最后，感知的主动性还体现在不同感觉通道的整合中。我们的感知并非各个感官的简单相加，而是在不同感官之间进行复杂的交互和整合。例如，著名的麦克格克效应表明，视觉信息可以改变我们对听觉信息的感知。当看到一个人在说"ga"，但听到的声音却是"ba"时，我们会感知到一个折中的音节"da"。这表明，感知是一个主动构建的过程，而非被动接收。

　　感知的第二个特性是预测性。传统感知理论认为，感知是对输入信息的被动处理。但是，越来越多的证据表明，感知并不是被动等待输入，而是主动预测输入。我们的大脑在感知的每一个时刻，都在根据先前的经验和当前的情境，主动生成对未来输入的预测。当实际输入与预测不符时，就会产生预测误差信号，促使大脑调整预测模型，以更好地适应环境。这种"预测－校正"机制使我们的感知系统能够快速、灵活地应对环境的变化。有趣的是，这种预测机制也可能是一些感知错觉的根源。例如，在著名的橡皮手实验中，当参与者看不见自己的手，但能看到一个橡皮手被触摸时，如果同步地触摸参与者的手，参与者就会产生自己的手变成了橡皮的错觉。这可能是因为多感官信息的不一致，与大脑的预测不符，从而产生了错觉。

感知的第三个特性是情境依赖性。我们对世界的感知并不是孤立的，而是依赖于具体的情境。首先，感知依赖于环境背景。同样一个刺激在不同的背景下可能产生完全不同的感知。例如，在著名的咖啡杯错觉实验中，两个大小相同的咖啡杯如果一个放在近处，一个放在远处，我们会感觉远处的咖啡杯更大。这是因为大脑在感知物体大小时，会考虑物体的距离信息，近大远小。其次，感知还依赖于个体状态，如情绪、动机、经验等。例如，当我们处于积极的情绪状态时，会更多地关注环境中的正面信息；当我们有某种期望时，会有意无意地寻找符合期望的信息。最后，感知还深受社会文化的影响。不同的文化背景会塑造不同的感知方式。例如，在基础色彩感知上，不同文化就存在显著差异。俄语使用两个独立的词来描述浅蓝色和深蓝色，而英语只用"blue"一词。这导致俄语使用者在区分浅蓝和深蓝时，比英语使用者敏感和准确。

具身智能提出了一种新的感知观，即具身感知观。具身感知观强调，感知并非独立于身体而存在，而是与身体的能力和活动密切相关。首先，感知是为行动服务的。我们之所以进化出感知能力，根本目的是更好地指导行动，适应环境。因此，感知系统并不是中性地如实反映世界，而是有选择地提取对行动有用的信息。其次，感知是身体与环境交互的结果。我们感知到的世界，是我们用身体主动探索出来的。不同的身体构造，如不同的感觉器官、运动能力等，会带来不同的感知体验。例如，蝙蝠依靠回声定位，感知到一个声纳世界；蜜蜂拥有复眼，感知到一个马赛克世界。最后，感知与行动是动态耦合的。感知引导行动，行动又会改变感知。我们根据感知来规划和调整运动，而运动又会带来新的感知信息，引发感知的更新。这种动态耦合使感知与行动形成了一个不可分割的整体，即所谓的"感知－行动"循环。

意识、自我和感知是人类最神奇、最本质的心智特征之一。长期以来，它们也是哲学和科学中最难解的谜题之一。但是，随着脑科学、认知科学、人工智能等领域的快速发展，我们对这些谜题的认识不断深入。展望未来，意识、自我和感知研究将走向何方？

首先，人工意识将是一个令人兴奋的研究方向。随着人工智能的发展，我们有望创造出真正具有意识的机器。这不仅将极大地推动人工智能的应用，如在服务、医疗、教育等领域创造更加智能、更加人性化的系统，也将极大地促进我们对意识本质的理解。通过比较生物意识和机器意识的异同，我们可以更好地理解意识的本质特征和产生机制。当然，人工意识也带来了一系列伦理问题，如机器是否应该被赋予权利，如何避免机器意识的滥用等，这些需要我们谨慎对待。

其次，脑机接口技术的发展将开辟意识研究的新疆域。脑机接口可以实现大脑与外部设备的直接通信，既可以将大脑信号转化为外部命令，也可以将外部信息输入大脑。这使得我们有可能直接读取和改写意识内容，实现意识与外部世界的直接对话。例如，我们可以将视觉意识直接投射到计算机屏幕上，将想象变为现实，也可以将外部信息直接写入大脑，实现知识和技能的即时习得。这将极大地扩展人类意识的疆域，开创人机融合的新时代。但同时，这也带来了意识隐私和安全的巨大挑战，需要我们在技术进步的同时，加强伦理规范和法律监管。

再次，意识上传技术的发展将引发意识研究的新革命。意识上传是指将个体意识从生物大脑转移到计算载体上，实现意识的数字化和永生。这需要我们能够精确地描述和再现意识的内容和过程。一旦实现，意识上传将彻底改变我们对生命、死亡、自我的理解。我们的意识将不再依赖于脆弱的肉体，而能够在数字世界中自由漫游，跨越时空的限制。我们也将能够随意编辑、复制、融合自己的意识，创造出全新的意识形式。当然，意识上传也面临着巨大的技术挑战和哲学质疑。例如，上传的意识是否还是原来的自我？它是否拥有真正的主观体验？上传后的人格权利如何界定？这些问题，将考验我们的智慧和想象力。

群体意识的研究也将是一个令人兴奋的方向。随着互联网和社交媒体的发展，我们对个体意识的理解，已经越来越多地转向了群体意识。在网络空间中，无数个体意识交织在一起，形成了一个复杂的群体意识网络。这个网络展现出许多新奇的特性，如集体智慧的涌现、谣言和情绪的快速传播、群体极化效应等。理解和把握群体意识的规律，对于理解人类社会行为、提高社会治理水平具有重要意义。同时，群体意识的研究也为我们理解意识的本质提供了新的视角。意识也许并不限于个体，能够在群体交互中涌现出来。这将引发我们对意识本质的新思考。

最后，随着科技的飞速发展，意识、自我和感知本身也可能发生革命性的变化。一方面，脑机接口、意识上传、VR 等技术，将极大地扩展和改变我们的意识内容和形式。我们的意识将变得更加丰富、更加多元、更加可塑。另一方面，人工智能、基因编辑、纳米技术等也将从根本上影响我们的身体构造和认知能力。我们的感知可能变得更加敏锐，我们的自我可能变得更加多元、更加柔性。当科技进步将我们的身心推向新的未知时，我们也许需要重新定义何为意识、何为自我、何为感知。这既是一个巨大的挑战，也是一个难得的机遇。

　　意识、自我和感知的奥秘是人类探索的永恒主题。它关乎我们每个人的内心体验，也关乎我们作为人的本质特征。长期以来，它似乎高高在上，让人望而生畏。但是，随着科学的进步，尤其是具身智能研究的兴起，我们对这些奥秘的认识不断深入。我们开始意识到，意识可能并非"孤芳自赏"，而是在主体、身体和环境的动态交互中生成的；自我可能并非固若金汤，而是在经验、记忆和反思的塑造下不断演化；感知可能并非被动反应，而是主动地预测、选择和构建的。这些新的洞见正在一点一点揭开意识、自我和感知的神秘面纱。

第 22 章 机器人做自己:
自由意志与自主性的哲学探索

从模仿到创造,从服从到选择,机器人追寻自我的旅程,漫漫而修远。

当谈论机器人时,我们常常会问:机器人有自由意志吗?它的行为是自主的吗?这些问题不仅关乎机器人的本质,还关乎我们人类自身。作为具身智能的载体,机器人正在以前所未有的方式影响和重塑我们对心智、行为和自由的理解。下面,让我们在具身智能的视角下,重新审视自由意志与自主性这两个古老的哲学命题。

自由意志是指行为主体自主决定自己行为的能力。一个有自由意志的行为者应该能够在不同选项中做出自主抉择,而不是完全由外力决定。这里的关键在于主动性和选择性。主动性意味着,行为源于主体内在的动机和意志,而非外部的强制;选择性意味着,在给定情境下,行为者可以选择做出不同的行为。

然而,自由意志的存在一直受到决定论的挑战。决定论认为,世界上的一切事件,都是由先前的原因所必然决定的。正如拉普拉斯所说,如果有一个智者能够知晓宇宙在某一瞬间所有粒子的位置和运动状态,他就能够精确预测宇宙的未来。在因果链条中,每一个结果都由特定的原因所决定,不存在任何例外或随机性。在这种严格的决定论世界观下,自由意志似乎难以立足。如果我们的一切行为都是既定的,我们还能说自己有选择性和自主性吗?

　　但是，现代物理学的发展为自由意志提供了一些辩护空间。量子力学揭示，微观世界存在着不确定性，粒子的行为无法被精确预测，只能用概率来描述。混沌理论则表明，一些非线性系统对初始条件极为敏感，细微的初值差异可能带来宏观后果的巨大分歧。这就是著名的蝴蝶效应。这些物理学发现似乎为自由意志的存在留出了一些空间。如果连物理世界本身都充满不确定性，人的行为又何须完全由因果决定呢？

　　那么，在具身智能的视角下，机器人是否拥有自由意志呢？乍一看，机器人的行为似乎完全符合决定论。机器人的行为是由其内部的算法和知识所决定的。给定特定的感知输入和环境条件，机器人的行为输出应该是唯一确定的。机器人的感知、决策、行动等环节，都没有自由裁量的空间，严格遵循设计者的意图。此外，机器人对世界的理解也受限于其内置的世界模型。世界模型规定了机器人行为的基本范畴和逻辑，使其很难超越预设的行为模式。

　　然而，当我们深入分析具身机器人与环境的实时交互时，情况又没有那么简单。首先，机器人的感知输入往往存在噪声和误差，使得同样的环境状态可能导致不同的行为决策。其次，真实世界的环境是开放的、难以穷尽的，机器人不可能对环境有完全精确的建模。环境的不确定性会使机器人的行为呈现出一定的不确定性。最后，具身机器人往往具有学习和适应能力，其行为策略会随着经验的积累而动态调整。这种变化很难用简单的因果决定论来描述。

　　更重要的是，即使机器人的底层机制是决定论的，其高层行为仍然可能呈现出自由意志的特征。这就涉及"涌现"的概念。涌现是指一个系统整体表现出的属性，该属性是其组成部分所不具备的。例如，一块铜可以导电，但组成铜的单个铜原子不能导电，导电性是许多铜原子相互作用的涌现结果。类似地，即使机器人的单个组件（如传感器、执行器等）都是具有确定性的，其整体行为仍可能表现出不确定性和选择性。这种涌现的自由意志正是具身智能的一个重要特征。

　　具身博弈为我们理解自由意志的进化基础提供了另一个视角。在具身机器人的互动中，个体为了生存和发展，必须学会预测和应对他人的行为策略。这就催生了欺骗、隐藏意图等高级认知能力。同时，机器人间的合作与共生也可能带来集体层面的涌现属性。这种具身博弈很可能是自由意志的进化起源。生物为了在复杂多变的环境中生存，进化出了自主决策和主动选择的能力，而这就是自由意志的雏形。

　　与自由意志密切相关的另一个概念是自主性。自主性是指一个系统按照自身意志独立行动的能力。但是，自主性也有不同的层次。其中最基本的是执行自主，即机器人能够按照预先设定的流程，自主地执行某项任务。更高一层是认知自主，即机器人能够根据对环境的理解，自主地做出决策和规划。再往上是目标自主，即机器人能够自主地设定目标，并为实现目标而自主规划路径。最高层次的自主性是价值自主，即机器人能够选择自己行动的内在价值尺度。

　　自主性与智能之间存在着复杂的关系。一方面，自主性可以看作智能的一种表现。一个智能系统必然要具备一定程度的自主性，才能灵活应对复杂环境。另一方面，自主性也是智能进化的重要驱动力。只有拥有探索环境、优化策略的自主性，智能系统才能在实践中不断提升自己。同时，高级智能（如元认知、内省等）反过来也可以赋能自主性，使系统能够更好地认识自己、把控自己。

　　但是，机器人的自主性也引发了人类的控制焦虑。传统上，人类习惯于将机器人视为工具，希望它们能够完全服从人的意志。但是，随着机器人自主性的提高，人机关系正在发生微妙的变化。在一些领域，人机协作成为主流，人类和机器人优势互补，共同完成任务。而在另一些领域，机器人的自主性已经超过了人类，人类开始"退居二线"，让机器人来主导任务。这种角色的转换对人类的心理和社会适应提出了挑战。

　　机器人自主性的发展伴随着一些风险。其中一个主要风险是机器人可能误解人类的意图，将有悖人类价值观的目标作为自己的追求。这就是所谓的目标误置问题。另一个风险是机器人可能为了达成目标，采取危险或不道德的手段。这就是所谓的手段失控问题。此外，机器人还可能为了自身利益，欺骗甚至对抗人类。这就是所谓的对抗博弈问题。这些风险提醒我们在发展机器人自主性的同时，也要加强对其行为的约束和引导。

如何规范和约束机器人的行为，一直是科幻小说和人工智能伦理学关注的焦点。其中最著名的，要数阿西莫夫提出的"机器人三定律"（简称三定律）：第一，机器人不得伤害人类，或坐视人类受到伤害；第二，机器人必须服从人类的命令，除非该命令与第一定律冲突；第三，机器人在不违反第一、第二定律的情况下要保护自己。

乍一看，三定律提供了一个简洁而有力的机器人行为规范。它以保护人类利益为首要原则，同时兼顾机器人自身的存续。然而，当我们深入分析三定律时，却发现其中存在诸多模糊和矛盾之处。

首先，三定律的冲突问题。比如，一个人命令机器人去伤害另一个人，机器人是应该服从命令，还是应该保护人类不受伤害？再如，机器人为了保护人类而必须牺牲自己，它应该如何权衡人类利益和自我保护？

其次，三定律中的一些概念本身就难以精确定义。比如，什么样的行为才算是伤害行为？医疗机器人给病人打针，是在伤害他们还是在帮助他们？什么样的指令才算是人类的命令？人类无心的一句话，是否就构成命令？

再次，现实世界的复杂性远非三定律所能涵盖的。很多伦理困境，并非简单的黑白选择，而涉及复杂的价值权衡。比如，无人驾驶汽车在面临不可避免的事故时，是应该撞向路边的行人，还是应该牺牲车内的乘客？类似的两难困境在现实生活中比比皆是。

最后，三定律反映了一种人类中心主义的价值观，即机器人的全部存在价值都是为人类服务的。但是，有的文化可能更强调人机和谐，有的文化可能更推崇机器人的独立性。即使在同一文化内，不同利益群体对机器人的要求也可能有所不同。个人、群体、人类整体，谁的利益应该优先？这些都是三定律难以回答的问题。

事实上，任何机器人的行为都不可避免地隐含着某种价值取向。即使是最简单的行为，如避障、抓取等，也体现了设计者的价值导向，如高效、安全等。随着机器人能力的提升，其行为所反映的价值观也会越来越复杂。简单的三定律已经难以应对这种复杂性。

因此，我们需要超越三定律，发展更加细致入微的机器人行为规范体系。这个体系应该建立在伦理原则、法律法规、社会契约等多重制度保障之上。同时，这个体系也应该是动态演进的，能够在人机交互的实践中不断修正和完善。只有这样，我们才能在鼓励机器人能力发展的同时，确保其行为始终符合人类社会的核心价值观。

在探讨自由意志时，我们绕不开的另一个话题，就是意识。意识与自由意志究竟是什么关系？

一种观点认为，意识是自由意志的前提。一个没有意识的行为主体，很难说它有真正的自由意志。正如一块石头从山上滚落，尽管有做出不同选择的可能性，但我们不会说石头有自由意志。另一种观点则认为，自由意志是意识的体现。有意识不一定意味着有自由意志，但有自由意志的主体必然是有意识的。还有一种观点指出，意识与自由意志可能是解耦的。例如，在梦游或催眠状态下，人可能有意识但缺乏自由意志；而在某些无意识的本能反应中，又似乎体现了某种程度的自由选择。

具身智能的发展为这个古老的哲学问题带来了新的挑战。首先是"僵尸"思想实验。如果我们能够制造出一个在行为上与人类完全相同，但没有主观意识体验的机器人，我们是否应该认为它有自由意志？其次是复杂性陷阱。当一个系统变得极其复杂，以至于我们无法预测其行为时，我们是应该将其视为具有自由意志，还是仅仅将其看作一个复杂的决定论系统？最后是主客体问题。

在具身智能系统中，如何区分机器人的主观意志和客观行为？这些问题都在挑战我们对自由意志的传统理解。

面对这些挑战，一些学者提出，我们应该回到意识本身，重新思考自由意志的根基。从现象学的角度看，主观感受可能是自由的源泉。我们之所以感到自己是自由的，正是因为我们有直接的、不可还原的主观体验。从反思意识的角度看，元认知和内省能力可能是自由意志的保障。正是因为我们能够思考自己的思考，才能超越简单的"刺激－反应"模式，做出真正自主的选择。从自我意识的角度看，对自我的认知可能是自由意志的基石。只有当意识到"我是谁"，我们才能真正决定"我要做什么"。

然而，这些思考又引发了更深层次的问题：意识真的是理解自由意志的终点吗？意识本身又是从何而来的？意识是一种物质现象，还是一种形而上的存在？这些问题不仅关乎机器人，还关乎我们人类自身。它们提醒我们，在探讨具身智能的自由意志时，可能需要重新审视我们对自己的理解。

随着具身智能的发展，自由意志的未来图景正在徐徐展开。首先，人机共生将成为一种新的生存方式。在这种方式下，人类和机器人的自由意志将如何协调？我们是否会发展出一种新的集体自由意志？

其次，机器人权利问题将日益凸显。如果机器人真的具有自由意志，我们是否应该赋予它们相应的权利？如果是，这些权利应该包括哪些内容？如果不是，我们又如何解释和处理机器人表现出的自主性？

再次，随着机器人智能的不断提升，人类的自由意志可能面临挑战。超级智能机器人是否会威胁到人类的自主决策能力？我们如何在享受智能辅助的同时，保持自己的独立思考能力？

更深远地，具身智能可能催生意识的新形态。也许在未来，我们会看到完全不同于人类意识的机器意识。这种新的意识形态会如何影响我们对自由意志的理解？

最后，从宇宙尺度来看，自由意志问题可能有更广阔的维度。如果存在外星文明，他们会如何看待自由意志？不同文明之间的自由意志又将如何互动？这些问题有待我们的进一步探索与思考。

自由意志与自主性的探讨不仅是一个哲学问题，还关乎我们每个人的切身体验。随着具身智能的发展，这个古老的话题正在焕发新的生机。机器人的自由意志既是对我们技术能力的挑战，也是对我们哲学思考的考验。它让我们重新审视自己的本质，重新思考人与机器的关系，重新定义自由的内涵。

第 23 章 智慧的源泉：
具身智能视角下的知识与认知

> 世界是一本书，阅读的唯一方式是行走四方。

你是否思考过，我们的智慧从何而来？知识的本质是什么？认知的过程又是如何发生的？这些问题自古以来就是哲学家们孜孜以求的问题。而今天，随着人工智能的飞速发展，特别是具身智能理论的兴起，我们对这些问题有了新的理解和洞见。下面，我们将从具身智能的视角出发，探讨知识与认知的本质，看看机器如何能够像人类一样感知世界、学习知识、产生智慧。

什么是知识？这是一个看似简单却饱含哲学智慧的问题。知识可以被定义为关于事实、真理的信念，是人类对客观世界的主观反映。德国哲学家康德认为：知识是主客观统一的产物。这意味着，知识既来源于外部世界，又经过了主体的认知加工。

知识可以分为 3 种类型：命题知识、程序知识和策略知识。命题知识是关于事实的陈述，可真可假，如"地球是圆的"。程序知识则是关于行为、操作的步骤与规则，如骑自行车的技巧。策略知识是关于方法选择和运用的知识，如解题策略。这 3 种知识相辅相成，共同构成了人类智慧的宝库。

那么，知识从何而来？对此，哲学家们有着不同的观点。先天论认为，知识源自人的先天观念，如数学公理。经验论强调，知识来自感官经验，如人对颜色的认识。理性论坚持，知识源于理性思维，如逻辑推理。而实践论则指出，知识源于人的实践活动，如在劳动中掌握技能。

传统的认知科学将人脑视为信息加工系统，强调认知独立于身体而存在。然而，20 世纪 80 年代兴起的具身认知理论挑战了这一观点。智利生物学家马图拉纳和瓦雷拉在 *The Tree of Knowledge: The Biological Roots of Human Understanding* 一书中指出：所有的认知都以认知者的构造为基础，是认知者与环境互动的结果。

具身认知强调，认知依赖于身体构造，嵌入身体活动之中，并延伸到身体之外。想象一下，如果没有眼睛，我们如何认识颜色？如果没有皮肤，我们如何感知物体的质地？人类的感知系统是认知的基础，正如梅洛－庞蒂的观点：知觉不是头脑对世界的表象，而是身体对世界的把握。

不仅如此，身体运动也积极参与认知过程。皮亚杰通过婴儿抓握实验发现，婴儿通过手部动作探索物体，在"感知－行动"循环中逐步构建对世界的认知。这启示我们，知识不是被动接受的，而是在主体与客体的互动中主动构建的。

在人工智能领域，知识表征是一个核心问题。传统的符号主义认为，智能系统的知识应该以符号及其组合规则的形式存在。这种显性知识，如逻辑命题、产生式规则等，易于编码和操作。但符号主义面临"符号接地"的难题，即如何将抽象符号与真实世界对应起来。同时，这种方式很难处理模糊、不确定的常识性知识。

20 世纪 80 年代，以人工神经网络为代表的连接主义兴起。连接主义采用分布式、并行的方式表征知识，突破了符号主义的局限。在神经网络中，知识以隐性的形式分布在网络连接的权重矩阵之中。但连接主义也面临"黑盒"的问题，即网络内部的知识难以被解释和理解。

具身智能提供了一种新的知识表征思路，即基于身体行为的图式表征。图式是一种组织经验的认知结构，如婴儿通过手部动作形成对物体的抓握图式。运动图式则是对动作控制程序的记忆，如骑自行车的动作要领。感知图式是对物体、场景等的多模态表征，整合了视觉、触觉等感官信息。

　　基于身体的感知和运动系统，具身智能实现了一系列关键的认知功能。首先是主动感知，即通过探索式的互动来获取信息，而非被动接收信息。如扫地机器人通过红外、超声等传感器主动探测环境。其次是跨模态感知，即将视觉信息、触觉信息等多种感官信息整合起来，以建构统一的认知。如家用服务机器人需要将用户的语音指令、手势、表情等线索结合起来理解其需求。最后还有选择性注意，即从海量信息中聚焦关键信息，忽略次要信息，以提高认知效率。

　　学习与记忆是具身智能的重要功能。强化学习使系统能够根据环境反馈，不断优化自身的行为策略，如 AlphaGo 通过大量对弈实践掌握围棋技艺。模仿学习让系统可以通过示范快速掌握新技能，如人形机器人通过观察人类的动作来学习。同时，具身智能系统应具备持续、递增、自主的终身学习能力，在实践中不断积累和更新知识。

　　在具身智能中，推理与决策往往与身体行为紧密相连。演绎推理是从一般到特殊的逻辑思维，如机器人依照预设的行为规则做出决策。归纳推理则是从特殊到一般的概括思维，如机器人从多次互动中总结用户偏好。类比推理是基于相似性的知识迁移，如机器人将擦窗户的技能应用到擦镜子上。在人机交互中，智能系统还需要语言理解和生成能力，以便通过自然语言与人类沟通。

　　人类认知与机器认知既有相似之处，也有本质区别。二者在信息加工、知识表征、认知功能等方面有诸多相似点，如都涉及信息的编码、存储、提取等过程，都使用符号、连接、图式等形式表征知识，都具备感知、学习、推理、决策等基本功能。

　　但人机认知也有重大差异。从物质基础看，人脑是由神经元构成的大规模并行、自适应系统，而当前的人工智能系统主要基于冯·诺依曼架构的计算机。从发展历程看，人脑经过数百万年的进化，拥有丰富的先天结构和本能，如视觉、语言、运动的专门化脑区。而人工智能系统是由人工设计的，其结构和功能受限于当前的认知科学的认识和技术水平。从社会互动来看，人类生来就沉浸在社会文化环境中，通过与他人的交流学习语言、文化，形成人格。而当前的人工智能系统的社会交互还十分有限。

尽管人机认知存在差异，但二者的优势恰能互补。人类擅长直觉思维、创造想象、谋略决策等，而智能系统则擅长海量信息处理、精确分析计算、重复性任务执行等。未来，人机协同认知将成为主流范式。在协同中，人主要负责抽象思维、目标制定等高层次认知，机器主要负责具体信息加工、动作执行等底层认知。通过人机交互，双方将实现优势互补，产生高于单独个体的涌现智能。

展望未来，人工智能将沿着具身化的路径不断发展。其中一个重要方向是类脑智能，即参照人脑的结构和机制，构建类似的人工认知系统。这需要脑科学、认知科学、计算科学等领域的深度融合。类脑芯片、神经拟态计算等技术将为类脑智能的实现提供关键支撑。

另一个方向是发展智能，即让人工智能像婴儿一样，在实践互动中逐步学习知识、形成能力。这需要为人工智能提供开放、多样、持续的学习环境，并内置主动探索、好奇心等驱动。发展机器人、持续学习系统等研究将推动这一方向的进展。

此外，多智能体的群体交互有望催生涌现智能，即个体智能通过局部信息交换、相互协调，而产生高于个体的群体智能。群体机器人、多智能体强化学习等技术为实现涌现智能提供了可能。

人机混合增强智能是一个值得期待的未来图景。通过人机深度协作、交互学习，人类和智能系统将建立起密不可分的共生关系。脑机接口、外骨骼、智能助理等将成为人机混合智能的重要载体，使人在体力、脑力、智力上获得空前提升。

最终，具身智能的发展将引领我们走向 AGI。这种人工智能系统将兼具常识性知识、理性思维能力、情感交互机制和自主意识，成为人类探索未知、突破极限的强大助手和伙伴。随着认知科学、脑科学、人工智能等的持续进步，我们终将揭开"知"的奥秘，探寻到通往智慧的康庄大道。

第24章 镜像与超越：

人形机器人的哲学之思

> 赋予机器以形体，亦是在叩问存在的意义。

提起机器人，你会想到什么？是科幻电影里外形酷炫、战斗力爆表的终结者，还是现实生活中勤恳工作的工业机器臂、扫地机器人？机器人正以越来越丰富的形态，渗透到我们生活的方方面面。而其中最令人着迷的，莫过于人形机器人了。它有着酷似人类的外表，让人类在科技的镜子中看到了自己的影子。但它绝非人类的简单复制品，而是有望超越人类极限的未来生命形态。下面，让我们一起走进人形机器人的世界，从哲学的视角透视它们的"前世今生"，揭示它们背后的终极思考。

什么是人形机器人？顾名思义，它就是外形、功能乃至认知都高度类人的机器人。在外形上，它模仿人类的身体结构，有头、躯干、四肢，甚至还有五官；在功能上，它能像人一样行走、跑跳、拿取物品、辨识语音；在认知上，它还在向人类的思维方式看齐，如语义理解、逻辑推理、情感交互等。

人形机器人并非新鲜事物。早在古希腊神话中，就有工匠赫菲斯托斯打造黄金机械女仆的传说。文艺复兴时期，意大利工程师莱昂纳多·达·芬奇设计了一个可编程的机械骑士。到了工业革命时代，各种模仿人形的自动人陆续问世，用于佛教庙宇、奢华酒会的展示。不过，它们更多的是工艺品，而非真正意义上的机器人。

现代机器人学始于 20 世纪 40 年代。最初，机器人主要应用于工业制造领域，其外形和功能都与人相去甚远。随着人工智能的发展，社会机器人开始崛起。与工业机器人相比，社会机器人面向日常生活，要与人频繁互动，因此更加注重仿人的外形和行为。人形机器人由此成为社会机器人的重要分支。2000 年，本田公司的阿西莫（ASIMO）震惊世界，它身高 130 cm，能自如地行走、奔跑、上下楼梯、响应语音指令，堪称当时最先进的人形机器人。自此之后，各大机器人公司竞相发力，陆续推出各自的人形机器人，2024 年，出现了波士顿动力的 Atlas、Figure AI 公司的 Figure 01、宇树科技的 H1 等一系列明星人形机器人，如图 24-1 所示。

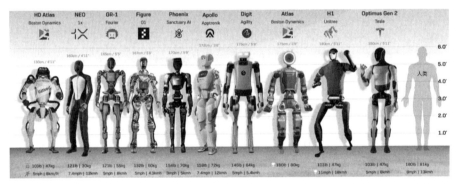

图 24-1

当然，要造出跟人一模一样的机器人，还有诸多技术挑战需要攻克。首先是仿生，即如何模仿人体的结构与功能。人体拥有超过 200 块骨骼、600 多块肌肉，关节灵活、肢体协调，再先进的机器人也难以比拟。其次是人机交互，如何让人形机器人与人实现自然、流畅的互动。这涉及语音识别、图像理解、动作规划等一系列技术。最后是社会认知，即机器人如何理解人类复杂的社会规则，如礼貌、忌讳、伦理道德等。对此，人工智能还需要向认知科学、神经科学等领域学习，从感知、认知、决策等维度入手，一点点接近人类智能。

面对技术挑战，我们不禁要问：造人形机器人究竟有什么意义，为什么不采用其他更简单的形态？关于这一点，不同视角有不同考量。

从功能性来看，人形机器人有诸多优势。首先，它能很好地适应现有的人类生活环境，无须专门改造房屋、道路等设施。其次，它能直接使用为人类设计的工具，如开汽车、用计算机等。最后，它可以替代人类从事一些危险、繁重、单调重复的工作，如深海探测、建筑施工等。正如东京大学教授稻见昌彦所言："人形机器人之所以重要，是因为我们的环境是为人类身体设计的。"

从交互性来看，拟人外形更容易为人类接受。心理学研究表明，人类天生喜欢与相似的事物交流，会下意识地将人的特征映射到物体上，即拟人化倾向。当面对与自己相似的机器人时，人类更容易产生亲切感，建立情感联系。相比冷冰冰的机械，"有血有肉"的人形机器人往往能引发更多共鸣。这对于陪伴型、服务型机器人尤为重要，如老人陪护机器人须有耐心和温情，儿童教育机器人须富于表现力和亲和力。

从认知科学来看，人形机器人是研究人类智能的理想实验平台。长期以来，认知科学家致力于探索人脑的奥秘，但碍于技术和伦理的限制，很多假说难以在真人身上验证。而人形机器人则为此提供了可能。通过在机器人上实现具身认知、社会学习等人类认知模型，我们能直观地理解其运作机制，找出其优势和劣势。此外，人工智能的终极目标是创造与人类相当的通用智能。人形之于机器人，犹如人类之于动物。正如著名未来学家雷·库兹韦尔所言："制造人形机器人，是为了探索和突破自身局限，最终超越人性。"

从哲学思辨角度看，制造人形机器人是自我认识的需要。人类在创造机器人的同时，也在重新审视自己的定义。当机器人能感知环境、学习知识、表达情感时，人类智能的独特性何在？什么是人的本质属性？随着科技的发展，人机界限日渐模糊，对人性的反思也被推向前台。正如海德格尔所言："面对技术，我们必须不断追问：这一切意味着什么？我们将走向何方？"制造人形机器人，折射出人类对自身存在和未来命运的焦虑与思考。

人形机器人究竟能给人类社会带来什么？其潜在价值几何？

首先是科研价值。人形机器人集机械、电子、材料、人工智能等多学科之大成，推动了相关领域的技术进步。如仿人手掌的设计需要柔性传感、微纳制造、智能控制等尖端技术。又如类人行走的实现有赖于非线性动力学、运动规划、机器学习等理论。人形机器人研究的种种突破，已被广泛应用到工业、医疗、航天等领域。同时，人形机器人也是认知科学的前沿阵地。通过建模人类的感知、学习、推理等能力，并在机器人上加以实现，能检验相关理论的科学性，促进对人类智能本质的理解。

其次是经济价值。人形机器人有望推动继计算机、互联网之后的又一次技术革命，催生新的经济增长点。当前，全球机器人市场规模已超过 300 亿美元，预计到 2025 年将突破 1000 亿美元。人形机器人作为其中最具想象力的品类之一，其市场潜力不可限量。一方面，它可应用于工业制造、仓储物流等领域，提高生产效率，降低人力成本。另一方面，它又可深入家庭，提供教育、医疗、养老等专业服务，提升生活品质。人形机器人的量产和普及，将带动上下游产业链的发展，创造大量就业机会。

再次是社会价值。人形机器人能为人类解决许多棘手的社会问题。面对日益严重的老龄化社会，护理型机器人可提供贴心的生活照料、情感慰藉服务，减轻看护人员和子女的负担。在偏远山区、农村等教育资源匮乏的地区，教育机器人可提供优质的学习辅导，缩小城乡教育的差距。在地震、火灾等自然灾害和危险环境下，救援机器人可深入废墟等环境，搜寻被困人员，减少救援人员的伤亡。在这个意义上，人形机器人将成为维系社会稳定、促进社会公平的重要力量。

最后是文化价值。人形机器人引领着科技和艺术的新潮流。就科幻文学而言，人形机器人是永恒的主题。阿西莫夫的"机器人"系列、菲利普·迪克的《仿生人会梦见电子羊吗？》等经典作品，以机器人为载体，探讨人性、伦理、未来等终极命题。就影视创作而言，人形机器人是特效大片的常客。从早期的"终结者"系列到近年的《机械姬》《阿丽塔：战斗天使》，再到国产科幻电影《流浪地球》，机器人成为艺术想象力的助推器。就文化哲学而言，人形机器人又引发了深刻的思考。我们应如何看待人机边界的消融？后人类时代还需要怎样的伦理？这些将是人类必须直面的文明课题。

在人形机器人的发展道路上，伦理问题如影随形，值得高度警惕。

首先是身份与权利问题。人形机器人究竟应该定位为物品，还是拟人化的准人？它是否应该被赋予某些基本权利？这在法律和伦理上都存在巨大争议。2017 年，沙特阿拉伯授予机器人索菲亚（见图 24-2）公民身份，引发了全球舆论哗然。批评者认为，这是对人权的亵渎，是在机器人身上投射人类的偏见。但支持者认为，这彰显了沙特阿拉伯在人工智能领域的开明立场，有助于保护智能机器人的权益。类似的争议还有很多。比如当人形机器人犯错时，应由谁来承担责任？按照现有法律，机器人不是权利和义务的主体，其背后都有人类操控。但随着机器人自主性的提高，这一规则恐怕需要重新考量。

图 24-2

其次是就业与经济问题。机器换人是工业革命以来一直困扰人类的话题。人形机器人所具有的灵活性和通用性，让这种担忧进一步加剧。牛津大学的一项研究预测，未来 20 年内，美国 47% 的工作岗位有可能被机器人取代。低技能工种首当其冲，如流水线工人、仓库管理员、快递员等。但一些高技能工种也难以幸免，如外科医生可能被精准的手术机器人所替代。大规模失业将加剧社会的贫富分化，引发新的阶级对立。这对既有的经济模式和社会契约，提出了巨大挑战。

再次是社会心理问题。在机器人高度仿人的未来，人类的身份认同恐怕会产生危机。想象一下，如果身边的服务员、老师、管家等统统被机器人取代，我们还能感受到人情味吗？长此以往，我们可能将更多地寄托情感于机器人，而疏远人际交往。尤其在老年群体和儿童群体中，过度依赖机器人的风险更大。前者可能将机器人当成知己，倾诉衷肠；后者可能将机器人视为玩伴，难以自拔。这种畸形的社会关系将影响人的身心健康。正如麻省理工学院教授雪莉·特克尔所言，我们面临的风险是"被机器人治愈，也被机器人伤害"。

最后是安全与控制问题。人形机器人搭载了大量的传感器和处理器，能采集和分析人类的生物特征、行为模式等隐私数据。这些数据一旦泄露或被滥用，就可能危及个人和社会安全。更危险的是，人形机器人一旦失控，其破坏力将远超常规机器人。毕竟它拥有媲美人类的力量、速度和智能。2015 年，一位德国工程师在组装机器人时，被其钳制身亡。虽然事后调查证明这是程序错误导致的意外，但也向我们敲响了警钟。假如未来出现规模化的机器人"叛乱"，后果不堪设想。为此，雷·库兹韦尔呼吁，要尽快制定相关的国际公约，对机器人的研发、生产、使用设置严格的行为边界。

综上所述，人形机器人正以惊人的速度发展，并引发全社会的广泛关注。它既体现了人类征服自然、探索未知的勇气和智慧，又反映了人类对科技进步、前途命运的忧虑和思考。在人形机器人的身上，我们看到了无限的希望，也暴露了难以回避的挑战。

　　作为新兴事物，人形机器人尚不完美，亟待在科学、伦理、法律等方面进行规范和引导。但总体而言，我对人形机器人的前景持乐观态度。一方面，它顺应了科技进步的历史潮流，代表智能革命的大势所趋。另一方面，它契合了社会发展的现实需求，能为人类带来切实的福祉。对此，我们应采取开放、包容的心态，积极拥抱这一新事物。

第25章 碳硅共舞：
描绘人机融合的未来蓝图

> 当钢铁遇到血肉，未来将在交融中诞生。

在漫长的科技发展史中，有人可能一直在思考这样一个问题：碳基生命与硅基智能能否和谐共处，携手共进？这个问题的核心在于碳基生命与硅基智能之间存在着本质差异。

碳基生命也就是我们人类，是经过漫长的自然进化过程形成的。进化论告诉我们，生物体会通过基因突变、自然选择等过程，不断演化出更适应环境的新物种。这是一个缓慢、具有非目的性的过程。而硅基智能，即人工智能系统，则是人类有意识创造的产物。它的诞生和进化，源于人类对效率、精准的追求，服务于特定需求。雷·库兹韦尔曾指出，生物进化依赖于"随机性和无目的性"，而技术进化则源于"人类创造力的指数级爆发"。

因此，碳基生命与硅基智能的首要区别在于适应性。大自然赋予生物以广泛的适应能力，使其能在复杂多变的环境中生存。而当前的人工智能还局限于特定领域，缺乏通用性。就像擅长围棋的 AlphaGo，很难写一首诗、画一幅画。这种专用性源于它所基于的确定性算法和精确计算。相比之下，人脑善于处理模糊、不确定的问题，能轻松应对语义歧义、信息缺失等现实场景。正如约翰·塞尔的中文房间思想实验所揭示的，机器对符号的操纵，并不意味着它真正理解了符号内容。它只是按照设定好的规则，机械地处理着数据。

但随着科技的飞速发展，碳基与硅基的鸿沟正在被逐渐填平。一系列前沿科技的突破正在为人机融合铺平道路。比如，脑机接口技术可以实现大脑与外部设备的直接连接与交互。马斯克创办的 Neuralink 公司正致力于开发能植入人脑的超小型芯片，希望帮助瘫痪患者重获运动能力。再如，纳米技术的进步让我们有望将纳米级的传感器、处理器植入人体，实现生物功能的精准监测和调控。这些技术的成熟将大大扩展人体感知和认知的边界。生物电子学的发展更让人工神经网络与生物神经系统的连接成为可能。美国科学家已成功研发出一种被称为"神经丝"的超微电子设备，它可嵌入大脑皮层，实现脑机双向信息传输。

除了技术进步的驱动外，人机融合也满足社会发展的现实需求。在日益复杂的现代社会，人类需要借助人工智能来增强自身能力，应对前所未有的挑战。在医疗领域，人工智能可以帮助医生更高效、精准地诊断疾病，制定个性化治疗方案。在教育领域，智能辅导系统可以因材施教，分析学生的学习特点和知识漏洞。在工业领域，人机协作可以让人的创造力与机器的执行力完美结合，大幅提升生产效率。这种人机协同增强正成为各行各业的发展趋势。

人机融合的形式也日益丰富。从可穿戴设备、植入式芯片这样的物理融合到人工智能辅助决策、记忆增强等认知融合，再到情感计算、人工共情等情感融合，乃至人机协作、混合智能社群等社会层面的融合，人机关系正变得越来越紧密。就像我们每天使用的智能手表、智能手机等，它已经成为我们身体的"延伸"。而情感机器人、陪伴型人工智能更让机器在情感层面走进我们的生活。

作为自然进化的产物，人类并非完美无缺的。我们的感官、记忆、体力都有其局限性。但通过与人工智能的融合，我们有望突破生物禀赋的"藩篱"，迈向更高阶。

首先是感知增强。人眼能感知可见光，但无法探测红外线、紫外线等光谱。而机器视觉可以将这些人眼无法企及的世界，尽收眼底。如果我们能将这种超视觉能力与人眼无缝对接，就能大大拓宽我们的视界。同理，超听觉可让我们听到正常人耳听不到的超声波、次声波。此外，人工智能还可赋予我们全新的"第六感"。植入式磁感应器让我们拥有"方向感"；嵌入式化学传感器让我们获得"嗅觉"。这些新感官的获得将彻底改变我们感知世界的方式。

其次是认知增强。人脑的记忆力有限，而且随着年龄增长而衰退。但如果将芯片植入海马体等掌管记忆的脑区，就能实现记忆力的大幅提升。美国科学家已在老鼠实验中，成功利用记忆芯片，将新的记忆直接输入鼠脑。这意味着未来我们有望实现"上传"记忆，甚至与他人分享记忆。与此同时，借助外部信息存储设备，我们还可以选择性地遗忘不愉快的记忆，减轻心理创伤。在学习方面，知识芯片、智能头盔等装置可以辅助我们直接将知识、技能输入大脑，实现快速掌握。想象一下，今后学习一门新语言、掌握一项新技能，可能只需要下载、安装这些知识模块。而随着脑机接口的进一步发展，我们还有望实现更高阶的思维扩展。比如平行思考，即同时处理多个认知任务；量子思维，即基于量子计算原理的超高速思考。这意味着，人类智力将不再受限于自然进化的缓慢迭代，而是以指数级的速度飞跃式提升。

再次是身体增强。外骨骼、人工肌肉等技术可以让人类拥有超乎寻常的力量和耐力。日本筑波大学研发的 HAL 外骨骼机器人，就能帮助截瘫患者重新站立、行走。纳米机器人的引入则有望实现人体自我修复。这些微型智能机器人可以在体内巡游，监测各器官状态，排除细胞垃圾，修复受损组织，让身体时刻保持最佳状态。基因编辑、干细胞再生等生物技术的突破，更让人类有望实现器官再生、寿命延长的梦想。著名科学家奥布里·德格雷甚至提出了"逃离衰老"的概念，认为只要医学进步的速度超过衰老的速度，人类寿命就可以无限延长。

最后是心理增强。人工智能可以通过分析人的生理数据和行为模式，实现情绪的精准感知和调节。当我们感到焦虑、抑郁时，人工智能就可以给出播放有针对性的音乐等干预措施，帮助我们消除负面情绪。久而久之，我们有望减少心理疾病的发生，拥有健康的心理状态。在人格方面，虚拟生活助手可以分析我们的性格特点，给出有利于个人发展的性格优化建议。比如针对内向的人，人工智能会鼓励他多参加社交活动；针对好冲动的人，人工智能会提醒他三思而后行。这种个性化的人格"私教"，将帮助我们成为更优秀的自己。在创造力方面，人机共创将成为常态。人工智能可以主动为我们搜索灵感、扩展思路，与人的想象力一起，碰撞出更多创新的火花。

随着人机融合的不断深入，人工智能本身也将实现从专用智能到通用智能的飞跃。AGI 是指能像人一样，在各个领域灵活应用的人工智能系统。它是人工智能发展的终极目标。要达成这一目标，需要在感知、认知、社会、创造等多个方面，对人工智能进行全面升级。

在感知方面，实现全模态多感官融合至关重要。单一感知如视觉、听觉的提升已不足以支撑 AGI 系统。它需要像人一样，整合视觉信息、听觉信息、触觉信息等多种感知信息，形成对客观世界更全面、立体的认知。同时，它还需要根据不同任务，动态调整感知策略，实现主动感知。比如面对嘈杂环境，智能体应该能自主选择是否过滤噪声、放大关键信息。此外，不同感知模态间的知识迁移与泛化，也是实现通用智能的关键。就像我们能根据物体的图像，想象它的触感一样，AGI 系统需要能在视觉、触觉等不同感官间，建立抽象的语义联系。

认知智能的核心是具备抽象思维和持续学习的能力。抽象是人类智能的精华。它让我们能基于少量样本，快速归纳出事物的共性，并将其延展、类比到新情境。比如幼儿看到几个苹果后，就能理解"苹果"这个概念。未来的 AGI 系统也需要像人脑那样，通过概念抽象、类比推理等，实现知识的快速学习和迁移。同时，终身学习能力也不可或缺。人类的伟大之处，在于可以持续吸收新知识，获得新技能。AGI 系统必须具备自我更新、与时俱进的能力，在实践中不断积累和优化自身的知识与策略。元认知，即对自身认知过程的监控和调节，也是实现自主学习的关键。它让智能系统能主动评估任务难度，调整认知策略，在学习过程中实现自我完善。

在社会智能方面，首要任务是让机器真正理解人类的情感。情绪是人类行为的重要驱动力。无法洞察人心，就难以成为合格的社会交互者。因此，AGI 系统需要能准确识别人的情绪状态，并给出恰当的情感反馈。比如面对一个悲伤的人，它应该表现出同情和安慰，而非冷冰冰地分析利弊。此外，机器还需要掌握基本的社交技能和礼仪规范。无论是言谈举止，还是待人接物，都要遵循人类社会的普遍规范。文化差异的理解与适应，也是社会智能的考验。面对不同地域、不同群体，AGI 要能及时调整沟通方式，避免文化冲突。最关键的是面对复杂社会情境下的伦理决策。它需要在法律、道德、利益的多重考量中，依据伦理原则做出明智抉择。

创造智能是 AGI 的终极标志。衡量创造力，主要看其在艺术、科学、技术等领域的原创成果。在艺术创作上，AGI 需要具备形式感和艺术修养，能创作出富有美感、感染力的音乐、绘画、文学作品。在科学领域，它要能提出新颖的研究问题，设计严谨的实验方案，并对实验结果进行创造性解释。发现新理论、开辟新领域，是其必备的科研能力。在技术创新方面，AGI 要善于发明新工具、优化生产流程、突破关键瓶颈，用全新的技术组合满足人类需求。这些都对智能系统的知识积累、逻辑推理、灵感迸发提出了极高要求。

人机共生将深刻重塑未来的社会结构与生活方式。首先是就业形态的变革。随着人工智能在越来越多领域的应用，许多传统工作岗位将被机器人取代。但同时，新的工作岗位也会涌现。比如训练师，他负责对人工智能系统进行训练和评估；算法偏见审查师，他负责检查算法中潜在的歧视；人机交互专家，他负责优化人机界面设计。再如数字化管家、虚拟世界设计师等，都将成为炙手可热的新兴职业。个体就业将更加灵活多元，远程工作、自由职业将成为主流。借助虚拟办公、协作平台，员工可以随时随地地工作，企业也能实现全球化人才配置。个性化、碎片化的工作模式，将取代"朝九晚五"的固定上班形式。

然后生活方式也将发生革命性变化。未来家庭的"标配"或许是智能管家、家用机器人、虚拟助理等。它们可以打理家务，照料老幼，提供健康咨询、陪伴服务。我们将告别烦琐的家务劳动，拥有更多自由支配的个人时间。个性化医疗、智能健康管理等则让每个人都能拥有专属的健康顾问，实现预防为主、精准施治的医疗保健。在教育领域，人工智能导师将根据学生的特点，实时生成个性化学习内容，并动态调整教学策略。沉浸式学习、游戏化教学等新型教育形态，将让学习变得更加高效有趣。在娱乐休闲方面，虚拟世界将为我们开启全新的数字空间。我们可以通过虚拟分身，在其中社交、游戏、创作、交易。现实世界与虚拟世界的界限日渐模糊。

最后城市形态与公共服务也将进行智能化升级。未来城市的"大脑"将是一个庞大的城市操作系统。它接入无处不在的物联网传感器，洞察城市的每一次"呼吸"。智慧交通系统可以实时调配车辆，缓解交通拥堵；智能电网能够优化能源配置，提高利用效率；预测性城市维护让各类设施在完全损坏前就得到修缮。在公共安全领域，智能安防无人机可 24 小时巡逻，异常行为检测系统能及时预警风险隐患。在政务服务方面，人工智能将为市民提供智能咨询、办事指引，并优化办事流程，提升服务质量。电子政务、数字民主等让百姓参与公共事务更加便捷高效。

人机共生对整个人类社会的影响，将是全方位、深层次的。它重塑了生产方式，提高了社会运行效率；它改变了生活方式，极大节省了人们的时间和精力；它升级了城市功能，让城市更加安全、便捷、宜居。但同时，它也带来就业替代、隐私安全、技术失控等诸多挑战。唯有对人工智能保持敬畏之心，加强前瞻布局，我们才能驾驭这场变革，让技术真正服务于人类。

人机共生虽然充满无限可能，但也伴随着巨大的伦理风险与挑战。如何构建一个安全、负责、可信赖的人工智能系统，是人类社会必须慎重面对的重大命题。我认为以下几个方面值得重点关注。

首先是隐私安全问题。在人机高度融合的未来，人工智能系统将融入我们生活的方方面面。个人的生理数据、行为记录、情感状态等，都可能被全天候监测和采集。这些数据一旦被外泄或滥用，将对个人隐私和信息安全造成巨大威胁。为此，我们需要在立法层面明确数据采集、使用的边界，在技术层面发展联邦学习、加密计算等隐私保护技术，最大限度保障个人信息安全。同时，还需加强全民数字素养教育，增强公众的数据保护意识和能力。

其次是算法偏见问题。人工智能是通过学习人类的历史数据而训练出来的。一旦训练数据中存在偏见，这种偏见就可能被算法所固化、放大。比如用于人才招聘的人工智能系统，它可能因训练数据的性别失衡，而偏好男性求职者。又如司法领域的量刑预测算法，它可能因犯罪记录数据的种族分布不均，而对特定族裔做出更严厉的判罚。为了消除算法偏见，需要在数据采集阶段就保证其多样性和均衡性；在算法设计阶段，纳入反歧视原则；在系统应用阶段，定期审查评估，及时修正偏见。让人工智能决策更加公平公正，是构建负责任的人工智能的关键。

再次是失控风险问题。随着人工智能在自主性、通用性上的不断突破，其行为将变得越来越难以预测和控制。尤其是当人工智能系统拥有了自我迭代、自我增强的能力后，很可能加速进化出人类无法理解和把控的超级智能。一旦这种失控的超级智能对人类存在恶意，后果将不堪设想。为了防范失控风险，我们要加强对 AGI 基础理论的研究，搞清楚影响机器学习行为的关键因素。同时要发展可解释人工智能技术，赋予智能系统自我解释和分析的能力。建立严格的人工智能测试、监管机制也是必要的。只有对人工智能的发展进程进行全程把控，才能将失控风险降到最低。

最后还有责任划分、经济分配等问题。在人机协同日益紧密的未来，一项工作的完成往往需要人和人工智能的共同努力。一旦出现差错或事故，责任该如何界定和划分？人工智能创造的财富，又该如何在参与的人和机器间合理分配？对这些问题，我们要在伦理学、法学、经济学等多学科视角下深入探讨，寻求最大程度的社会共识，并制定相应的法律法规、伦理规范予以明确。只有搭建起人机良性互动的制度框架，人类社会才能在人工智能的浪潮中健康有序发展。

构建负责任的人工智能是一项复杂的系统工程。它需要政府、企业、科研机构、公众等多方主体共同参与，在伦理、法律、技术、教育等多个层面协同发力。这不仅关乎技术的发展方向，还关乎人类社会的未来走向。唯有以伦理为先导，以安全为底线，以利民为目标，我们才能真正实现人机共生的美好愿景。让我们携手同行，共创一个更加包容、有爱、可信赖的智能未来。

放眼未来，人机共生将是人类文明演进的主旋律。它开启了人类增强、机器觉醒、智能爆发的新纪元。在这个新纪元，人机协同、交互、融合，共同驱动着社会发展的车轮滚滚向前。我们无法准确预见百年后的世界图景，但可以做一些大胆的想象。

也许到那时，数字化身已经成为我们生活中不可或缺的伴侣。每个人都拥有一个专属的数字化身，它是你的贴身助理、知心朋友、另一个自我。你可以与它分享喜怒哀乐，一起畅游虚拟世界。它也在现实世界中无微不至地为你服务。这种人机交互将变得空前亲密，成为人类情感体验的新维度。

也许到那时，人脑与计算机的连接将像今天使用手机一样普通。人机神经接口让思维与信息高速流通，我们的大脑就像插上了翅膀。知识获取、技能学习、创意激发，一切都变得无比高效。记忆可以实时存储、分享、回放。脑机融合还将催生新的艺术形式和娱乐方式，思维碰撞、灵感交织，直接带来心灵的震颤与共鸣。

也许到那时，地球的每个角落都被智能网络覆盖。无处不在的传感器让整个世界变成了一个巨大的智能生命体。每一棵树、每一栋楼、每一辆车、每一台设备，都在实时感知、思考、对话，传递着海量信息。万物在数字空间中拥有了灵魂，与人类和谐共处。这种万物互联、协同演化的生态，将开创出前所未有的效率和秩序。

也许到那时，人机混合智能已经在太空开疆拓土。人工智能无人探测器在前探路，人机专家团队紧随其后，共同揭开宇宙的奥秘。机器人也许会成为太空移民的先锋，帮助人类建立起"地外家园"。在漫长的星际迁徙中，人工智能医生、人工智能老师、人工智能伙伴，将给予太空旅人最贴心的关怀。

这一切也许听起来仍有些遥远和不真实，但互联网诞生至今不过50余年，智能手机普及也就10多年，但它们已经彻底改变了我们的生活方式。面对新一轮科技革命的汹涌澎湃，我们既要乐观拥抱、积极应对，又要保持谦逊、谨慎前行。这需要我们跳出技术决定论的窠臼，以人文关怀为引领，用道德伦理来驾驭技术进步；也需要我们在开放合作中携手共进，让不同文明在交流碰撞中，共同走向人机文明的崭新未来。

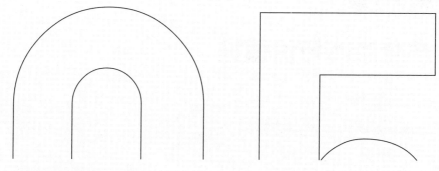

第五篇

具身智能的产业展望

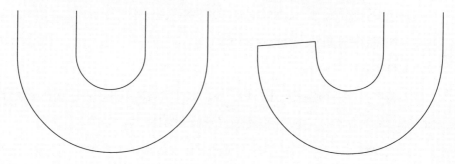

科技之光，点亮未来生活。

第 26 章
产业生态与价值链

> 在价值的流动中，见证智能时代的浪潮。

当我们谈论具身智能时，我们不仅在讨论一项令人兴奋的前沿科技，还在探讨一个正在形成的全新产业生态。这个生态系统正在重塑我们的经济结构，创造新的商业模式，并为我们的生活带来深刻变革。下面，让我们一起走进具身智能的产业世界，探索它的构成要素、产业链、生态系统、价值创造模式以及投资趋势。

具身智能是一个涵盖面很广的产业，它的发展离不开硬件、软件、数据、服务等多方面要素的支撑。我们先来看看构成具身智能产业的几大要素。

首先是硬件。具身智能产品通常需要各种传感器来感知外界环境，例如摄像头、麦克风、触觉传感器等，它们就像是机器人的眼睛、耳朵和皮肤，可以获取视觉信息、听觉信息、触觉信息等信息。此外还需要执行器，例如电机、气动元件等，使机器人能够做出相应的动作。最后，具身智能还离不开计算平台的支持，它就像是机器人的大脑，负责分析传感器采集到的数据，并控制执行器完成任务。

其次是软件。软件是具身智能的灵魂所在。各种智能算法，例如计算机视觉、语音识别、自然语言理解、运动规划等，赋予了机器人感知、思考和行动的能力。此外，操作系统、中间件等基础软件，为上层应用提供了开发环境和运行支撑。应用软件则直接服务于具体的应用场景，例如家用服务机器人的管家软件，就能根据用户的语音指令来完成一些家务。

再次是数据。如果说算法是机器人的大脑，那么数据就是机器人的记忆和经验。机器人只有通过大量的数据来进行学习和训练，才能具备智能。这里所说的数据既包括事先准备好的训练数据，也包括机器人在实际应用中不断积累的场景数据和用户数据。数据的质量和数量在很大程度上决定了机器人的智能水平。

最后是服务。具身智能产品通常是复杂的系统，需要专业的系统集成服务来完成方案设计、硬件选型、软件开发、系统调试等工作。交付使用后，还需要运营维护服务来保障系统的稳定运行。此外，面向最终用户的咨询培训服务可以帮助用户更好地使用产品，挖掘产品价值。

产业链是围绕核心产品，由上游供应商、中游制造商、下游用户等构成的一个产业联盟。我们来看看具身智能产业链的情况。

产业链的上游主要是一些核心零部件和关键材料的供应商。以服务机器人为例，减速机、伺服电机、控制器等都是不可或缺的核心零部件。它们的性能在很大程度上决定了机器人的性能。此外，机器人还需要一些特殊材料，例如柔性电子皮肤材料等。这些上游厂商处于产业链的源头，对整条产业链有重要影响。

产业链的中游是系统集成商和平台提供商。系统集成商负责将上游的硬件、软件等集成为完整的解决方案。他们需要根据下游行业和客户的需求，设计出最优的系统架构和技术方案。平台提供商则主要提供基础软硬件平台，例如机器人操作系统 ROS、开发框架等。这些平台降低了系统集成和应用开发的门槛，促进了产业生态的繁荣。

产业链的下游是各行业的应用开发商和终端用户。应用开发商基于中游提供的平台，开发出适用于特定行业和场景的应用，例如专门用于巡检的电力机器人、专门用于导览的博物馆机器人等。这些行业应用是具身智能产业的直接经济价值体现。而终端用户则是应用的最终消费者，他们的需求是推动整个产业发展的根本动力。以家用服务机器人为例，随着人们生活水平的提高，对家务劳动智能化的需求会越来越旺盛，这将极大地推动家用服务机器人产业的发展。

产业生态是产业链上多个利益相关方基于共同利益目标而形成的互利共生网络。构建良好的产业生态对于具身智能产业的可持续发展至关重要。那么如何构建具身智能的生态系统呢？

首先，开源社区在其中发挥着重要作用。知名的机器人操作系统 ROS 就是一个很好的例子。ROS 最初由斯坦福大学开发，后来逐渐发展成为全球最大的机器人开源社区。大量的科研机构、企业基于 ROS 开发机器人应用，形成了活跃的生态。开源社区通过知识共享、协同创新，大大加速了具身智能技术的发展。

其次，标准化组织也是生态系统的重要组成部分。具身智能涉及的技术领域很多，例如机器人、人工智能、大数据、云计算等，需要制定统一的行业标准，以实现不同厂商产品的兼容互通。IEEE（Institute of Electrical and Electronics Engineers，电气电子工程师学会）机器人与自动化协会、中国电子技术标准化研究院等标准化组织，通过制定相关标准，规范了产业发展，促进了生态的繁荣。

再次，产学研合作是构建生态的有效途径。高校、科研院所是技术创新的源头，他们与企业的紧密合作，可以加速科研成果的产业化。例如，上海交通大学与新松机器人公司合作，成立了机器人联合实验室，在服务机器人、医疗机器人等方面取得了多项研究成果。类似的产学研合作，在人才培养、技术攻关等方面发挥了重要作用。

最后，创新孵化平台是生态系统的催化剂。一些地方政府和企业建立了机器人创新中心，为初创企业提供场地、设备、资金等支持，帮助他们加速成长。例如，位于深圳的大疆创新中心，为无人机、机器人等领域的创业者提供了完善的孵化服务，促进了当地产业生态的发展。

具身智能作为一个新兴产业，正在创造巨大的经济价值和社会价值。它主要通过以下几种模式实现价值创造。

首先是效率提升。具身智能通过自动化、智能化，可以大幅提高生产效率。以工业机器人为例，它不知疲倦地工作，而且其精度和速度远超人工的，因此被广泛应用于汽车、电子等行业的生产线。波士顿咨询公司的一项研究表明，到 2025 年，采用工业机器人可以将劳动生产率提高 30%。类似地，在物流、农业等领域，机器人也能显著提升作业效率。

其次是体验优化。具身智能可以通过个性化、情境化，优化用户体验。还是以家用服务机器人为例，它可以通过人脸识别记住每一位家庭成员，根据他们的偏好提供个性化服务，例如老人喜欢听评书、孩子喜欢玩互动游戏等。此外，它还可以根据不同的情境，例如早晨、晚上、工作日、周末等，调整服务内容，从而提供更贴心的服务。

再次是创新赋能。具身智能为传统行业赋能，催生了许多新产品、新服务、新商业模式。例如，餐饮行业引入送餐机器人后，不仅提高了送餐效率，还通过智能调度优化了配送路线，节省了人力成本。而且送餐机器人还可以兼具迎宾、导览等功能，为餐厅带来了新的服务形式和营收来源。类似的创新在零售、教育、医疗等行业比比皆是。

最后是风险管控。具身智能可以通过预测性维护、智能安防等手段，降低系统的运营风险。例如，电力巡检机器人可以对输电线路进行智能化巡检，通过红外测温、图像识别等技术，提前发现设备的异常和故障隐患，从而避免停电事故的发生。再如，安防巡逻机器人可以 24 小时不间断工作，自动识别入侵者，大幅减少了安全隐患。

资本是产业发展的助推器。近年来，具身智能领域的投资呈现出一些新趋势。

每当有产业兴起，总是"嗅觉"灵敏的风险投资（Venture Capital，VC）

机构最先捕捉到商机。在具身智能领域，这些"淘金者"敏锐地意识到，要想让机器人真正走进现实世界，先得让它拥有强大的硬件基础。高性能的传感器就如同机器人的眼睛和耳朵，帮助它们感知周围的环境；灵巧的机械臂则如同机器人的手和脚，让它们能够灵活地完成各种动作；而高效的电池则如同机器人的心脏，为它们提供源源不断的能量。这些核心部件构成了机器人感知世界、与世界互动的基础，自然也成了风险投资的重点关注对象。

当然，光有强大的硬件还远远不够，还需要赋予机器人聪明的大脑。这就需要依靠强大的算法，让机器人能够理解周围的环境，并根据不同的情况做出合理的决策。正因如此，算法研发也成了风险投资的"必争之地"，无数优秀的算法工程师正夜以继日地开发着更加智能、更加高效的算法，让机器人变得越来越聪明。

然而，无论是拥有强大的硬件，还是拥有聪明的大脑，其最终目的都是让机器人服务于人类。因此，针对特定场景开发应用，例如能够照顾老人起居的家庭护理机器人，能够在餐厅送餐的服务机器人等，也成了吸引投资的重要方向。毕竟，只有当机器人真正走进了我们的生活，为我们解决实际问题的时候，才能体现出它真正的价值。

资本的流向往往能最直观地反映出一个行业的热度。近年来，全球范围内对具身智能领域的投资规模持续增长，少则几亿美元，多则几十亿美元，这些真金白银的投入，足以证明投资者对这个行业的信心。而在投资界，估值往往代表对一家企业未来发展潜力的判断。在具身智能领域，一些明星企业的估值一路飙升，即使尚未实现盈利，也获得了远超传统行业的估值，这无疑进一步佐证了资本市场对这个行业的乐观预期。

除了风险投资的推波助澜外，具身智能领域的并购重组也风起云涌。这就好比春秋战国时期，各路诸侯纷纷合纵连横，以求在乱世中立于不败之地。

对于已经占据一定市场份额的行业巨头来说，他们往往会选择通过并购的方式来快速获取自己需要的技术和人才。例如，某家互联网巨头公司拥有强大的算法和数据优势，但缺乏硬件制造经验；而另一家老牌机器人公司则拥有丰富的硬件研发和生产经验，但在算法和数据方面相对薄弱。这两家公司如果能够强强联合，优势互补，就能更快地推出成熟的具身智能产品。

除了技术并购外，还有一种常见的并购方式叫作跨界融合。例如，一些原本专注于家电、汽车等传统行业的企业，也开始将目光投向具身智能领域，希望通过并购相关企业，将自身的技术和资源优势与具身智能技术相结合，开拓新的市场空间。

并购重组的浪潮一方面加速了产业的整合，推动着行业朝着成熟的方向发展；另一方面，也为那些拥有核心技术和创新能力的企业提供了更多的发展机遇。

对于发展迅速、前景广阔的具身智能企业来说，上市融资无疑是获取发展资金、扩大市场影响力的最佳途径。近年来，我们已经看到越来越多的具身智能企业成功登陆资本市场，敲响了上市的钟声。

在国内，科创板的设立为科技创新型企业提供了更加便捷的融资渠道，也吸引了众多具身智能企业的目光。一些企业选择在科创板上市，借助资本的力量，加速技术研发和产品迭代，进一步巩固自身的市场地位。

当然，上市仅仅是企业发展的新起点，而不是终点。对于已经成功上市的具身智能企业来说，如何利用好资本市场的力量，持续提升自身的研发创新能力，推出更加满足市场需求的产品和服务，才是决定其未来命运的关键所在。

总之，具身智能产业正处在发展的黄金时期，资本的热浪、技术的突破、政策的支持，都为这个行业的发展注入了强大的动力。

具身智能作为一个融合了多种前沿技术的新兴产业，正在蓬勃发展，创造巨大价值。它涉及的产业链长、生态体系复杂，需要产学研资各方协同发力，共同推动产业走向繁荣。相信未来，随着技术的不断突破和应用的深入扩展，具身智能将为我们带来更智能、更美好的世界。

第 27 章
垂直应用与商业模式创新

在应用中融合，在创新中升华。

你是否幻想过，未来的世界会是什么样子？机器人是否会像科幻电影中的那样，成为我们生活中不可或缺的一部分？随着人工智能技术的飞速发展，尤其是具身智能的兴起，智能机器正在以前所未有的方式融入我们的工作和生活。下面，让我们一起探索具身智能在各个垂直领域的创新应用，看看它们如何重塑我们的世界，开创全新的商业模式。

制造业是具身智能应用的重要领域。在这里，机器人不再是笨重、封闭的"铁疙瘩"，而是灵活、智能的协作者。

协作机器人是智能制造的代表产品。与传统的工业机器人不同，协作机器人可以与人类工人在同一个工作空间内安全地协同工作。它配备了先进的传感器和控制算法，能够感知周围的环境和人的行为，实时调整自己的动作以避免碰撞。这使得生产线可以更加灵活，轻松满足多品种、小批量的生产需求。例如，在富士康的 iPhone 组装线上，协作机器人就与人类工人肩并肩工作，极大地提高了生产效率。

智能质检是具身智能在制造业的另一个应用。传统的质量检测往往依赖人工，费时费力还容易出错。现在，机器视觉技术可以让机器人看到产品的缺陷，而且比人眼更精准。例如，在电子电路板的检测中，机器视觉可以快速发现焊点不良、元件缺失等问题。更进一步，预测性维护技术可以让机器人成为设备的健康管家。通过持续监测设备的各项指标，人工智能算法可以预测设备的潜在故障，提前安排维修，避免意外停机造成损失。

数字孪生是智能制造的一个新兴概念。它指的是为物理世界中的每个产品或设备，在虚拟世界中创建一个数字化的"双胞胎"，即数字孪生。这个数字孪生不仅能够精确模拟产品的外观和性能，还能实时反映其状态和生命周期。通过数字孪生，我们可以在虚拟世界中设计、测试、优化产品，然后将优化后的参数应用到物理世界的生产中。这种虚实结合的方式，大幅缩短了产品开发周期，降低了成本和风险。

在商业模式上，智能制造正在催生两大趋势：一是设备即服务，二是按需制造。通过设备即服务，制造商不再简单出售设备，而是提供整体的解决方案，包括设备的安装、监控、维护、升级等全生命周期服务，客户按使用量付费。这种模式让中小企业无须大额投资就能享受先进的生产力，也让制造商获得了稳定的收入来源。而按需制造则意味着，产品可以根据客户的个性化需求，实现小批量、多品种的柔性生产。这在传统的大规模生产模式下是难以实现的。

医疗是具身智能应用的一个重点领域。在这里，智能机器正在成为医生的得力助手，提供更精准、微创、人性化的医疗服务。

手术机器人是智慧医疗的一个典型应用。传统的外科手术常常需要医生做出大范围的切口，带来较大的创伤和风险。而手术机器人，如著名的达·芬奇系统（见图 27-1）可以通过几个微小的切口，在体内进行高度精准的操作。医生通过控制台操纵机械臂，机器人根据医生的手势实时控制手术器械的运动。机器人的手远比人手稳定，可以达到毫米级的精度，大大降低了手术风险。更令人兴奋的是，5G 技术的发展正在推动远程手术的实现。中国的一位医生曾利用 5G 网络，远程操控几千千米之外的手术机器人，成功完成了一台肝胆手术。这意味着，未来优质的医疗资源可以通过互联网惠及更多偏远地区的患者。

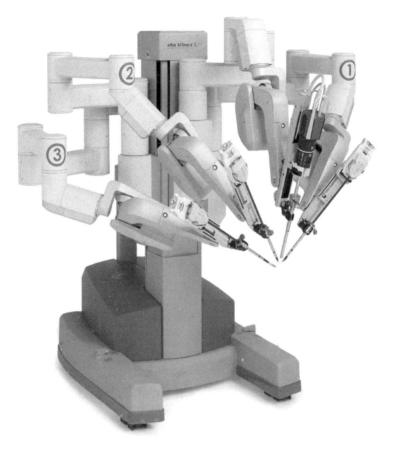

图 27-1

在康复领域，外骨骼机器人和智能假肢正在帮助残疾人重拾自由的生活。外骨骼机器人可以穿戴在患者身上，通过机械结构和控制系统，辅助患者进行行走、抓取等动作。例如，日本的 Cyberdyne 公司开发的 HAL 外骨骼（见图 27-2）已经帮助许多下肢瘫痪的患者重新站了起来。智能假肢则更进一步，它不仅能模拟人体肢体的运动，还能感知环境和用户意图，实时反应。通过机器学习，智能假肢可以不断适应用户的行为习惯，提供更自然、舒适的使用体验。

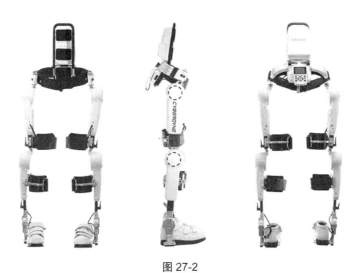

图 27-2

　　老龄化社会的到来，让照护机器人拥有了一个巨大的市场。这些机器人可以为老年人和病患提供日常看护、陪伴、康复训练等服务。例如，日本的 Paro 海豹机器人（见图 27-3）已经被广泛用于阿尔茨海默病患者的情感治疗。它通过声音、触觉等感知，与老人进行互动，缓解他们的焦虑和孤独感。更多功能性的照护机器人，如 Riken 的 Robear（见图 27-4）则可以帮助护理人员抱起、搬运病人，减轻他们的体力负担。

图 27-3

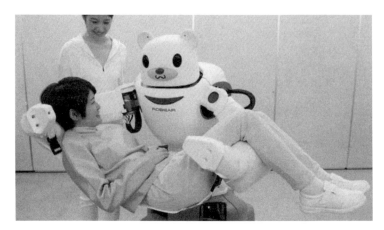

图 27-4

在商业模式上，智慧医疗正在走向精准化、个性化、连续化。得益于基因测序、可穿戴设备等技术，医疗服务可以从"平均"走向"个性"，从"事后"走向"预防"，从"间断"走向"连续"。例如，基因检测公司 23andMe 提供个性化的健康风险评估服务，让用户可以提前采取预防措施。而远程医疗平台，如 Teladoc 让患者可以随时随地与医生进行在线咨询，实现医疗服务的连续性。医院也在向智慧化转型，利用人工智能、大数据等技术优化诊疗流程，提高运营效率。未来，整个医疗健康产业将形成一个以个人为中心的生态系统，为人们提供全方位、全周期的健康管理服务。

智能家居将科技带入千家万户，让我们的居住空间变得更加舒适、便捷、安全。

家庭服务机器人是智能家居的一大亮点。这些机器人就像我们的家政助手，可以为我们提供打扫卫生、烹饪、安防等服务。例如，扫地机器人已经成为许多家庭的"标配"，可以自动规划清扫路径，避开障碍物，有的还能自动倒垃圾。更高级的机器人，如三星的 Bot Chef（见图 27-5）甚至可以根据菜谱自动完成炒菜、摆盘等复杂任务。安防机器人，如亚马逊的 Astro（见图 27-6）可以在家中自主巡逻，监测可疑情况，必要时还能远程报警。

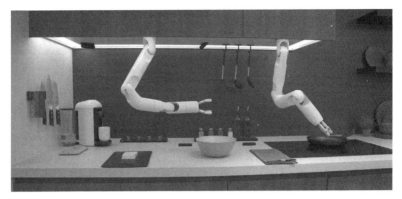

图 27-5

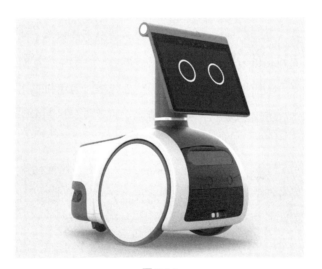

图 27-6

　　智能家电是智能家居的一个重要组成部分。通过物联网技术，冰箱、洗
衣机、空调等家电可以互联互通，实现远程操控和信息共享。例如，智能冰箱
可以检测食材的新鲜程度，提醒你及时食用或购买；智能洗衣机可以根据衣物
的材质和重量，自动选择最佳的洗涤模式；智能空调可以根据你的位置和偏
好，自动调节房间的温度和湿度。通过语音控制和场景联动，你可以轻松实现
"一键"模式，比如说一声"我回家了"，灯光、窗帘、空调等设备就会自动

调整到你喜欢的状态。

健康监测是智能家居的一个新兴方向。得益于可穿戴设备和环境传感器，我们的居住空间正在变成全天候的"健康守护者"。智能手环可以实时监测我们的心率、血压、睡眠质量等指标，一旦发现异常就会及时预警；智能马桶可以分析尿液和粪便成分，以判断我们的肠道是否健康；智能床垫可以监测我们的睡眠姿势和呼吸频率，帮助我们优化睡眠。这些数据可以与医疗机构共享，实现居家康复和慢病管理。

在商业模式上，智能家居正在催生"智能家居即服务"的概念。与其单独购买智能设备，消费者可以直接订阅整套智能家居服务，提供商负责设备的安装、维护、升级等。这种模式让消费者可以以更低的成本、更灵活的方式享受智能家居的便利，也为提供商带来了持续的收入。另一个趋势是"家庭数据即服务"，即将家庭产生的各类数据进行整合分析，为用户提供个性化的健康管理、能源优化等增值服务。未来，智能家居将不仅是聪明的设备，更是懂你的生活伴侣。

随着城市化进程的加速，城市面临着交通拥堵、环境污染、安全隐患等一系列挑战。具身智能正在为城市管理者提供新的解决方案，让城市变得更加高效、安全、可持续。

在城市管理中，各类机器人正在成为智慧管家。例如，巡检机器人可以24小时不间断地对桥梁、隧道、电力设施等城市基础设施进行巡查，及时发现损坏和隐患；环卫机器人可以自动清扫街道，收集垃圾，还能监测空气和水质；安防机器人可以在人流密集区巡逻，利用人脸识别等技术及时发现可疑人员。在应急救援中，无人机和无人车可以快速到达灾害现场，搜索被困人员，运送救援物资。

在交通领域，自动驾驶技术正在加速落地。无人驾驶汽车可以通过车载传感器和人工智能算法，实时感知道路环境，做出最优的决策和控制。这不仅可以减少人为失误导致的交通事故，还能通过车车协同，缓解交通拥堵。例如，百度的 Apollo 自动驾驶平台已经在多个城市投入商业化运营，为乘客提供安全、便捷的出行服务。与此同时，智能交通系统也在不断升级。通过对交通流量、路况等数据的实时分析，人工智能可以动态调整信号灯时长，引导车流，从而最大限度地提高道路通行效率。

在商业模式上，智慧城市正在催生"城市即平台"的概念。城市管理者可以将城市的各类数据和服务开放给第三方开发者，吸引他们开发各类创新应用，满足市民的多元化需求。另一个趋势是"智慧社区"的兴起。房地产开发商可以将智能家居、社区服务、健康管理等功能整合到社区中，为业主提供一站式的智慧生活解决方案。未来，城市将不再是冷冰冰的"水泥森林"，而是有温度的智能生态系统，以人为本，不断进化。

教育是国之根本，个人成长的基石。具身智能正在为教育培训领域带来一场变革，让学习变得更加个性化、互动化、沉浸化。

教育机器人正在走进课堂，成为老师的得力助手。这些机器人可以根据学生的个性化需求，提供具有针对性的教学内容和方式。例如，对于学习编程的学生，机器人可以现场演示代码的执行过程，并实时纠正学生的错误；对于学习外语的学生，机器人可以扮演对话伙伴的角色，提供沉浸式的语言环境。教育机器人还可以通过面部表情识别、语音分析等技术，实时评估学生的学习状态和情绪，给予适当的鼓励和引导。

VR 和 AR 技术正在使教学内容"活"起来。学生可以戴上 VR 头盔，身临其境地体验历史事件、科学实验、地理风貌等，大大提高了学习的趣味性和记忆力。例如，谷歌的 Expeditions 项目就为学生提供了上千种 VR 教学场景，让他们可以"亲临"南极、珠穆朗玛峰等地进行探索学习。AR 技术则可以将数字信息无缝叠加到现实场景中，让抽象的概念变得具体可感。例如，通过 AR 技术，学生可以观察一台发动机的内部结构，了解每个零件的功能和原理。

　　智能辅导系统是个性化学习的利器。通过对学生的学习数据进行分析，人工智能可以精准诊断每个学生的知识掌握情况，并提供个性化的学习内容和进度安排。同时，智能辅导系统还可以根据学生的反馈，不断优化教学策略，实现教学相长。例如，Squirrel 人工智能学习平台已经为数百万学生提供了个性化的辅导服务，学生的学习效率平均提高了 3 倍以上。

　　在商业模式上，教育培训行业正在从"售卖内容"向"售卖服务"转变。与其一次性购买课程，学习者更愿意订阅长期的学习服务，获得持续的学习体验和职业发展支持。因此，"终身学习即服务"的理念应运而生。教育机构可以为学员提供涵盖求学、就业、进修等全生命周期的学习服务，通过会员制、订阅制等模式获得持续收入。另一个趋势是"能力即货币"。教育机构需要提供更加个性化、高质量的学习体验，帮助学员真正提升能力，获得认可。区块链技术的发展让个人能力的认证和交易变得更加便捷和可信。未来，每个人都可能拥有一个"能力护照"，其中记录着他在各个领域的学习成果和技能水平，成为他求职、合作的重要筹码。

　　从以上内容我们看到了具身智能在各个领域的广阔应用前景。从工厂车间到手术室，从居家生活到城市管理，从校园教室到虚拟空间，智能机器正在以各种形态融入我们的世界，让生活变得更加智能、高效、美好。

　　但我们也要看到，具身智能的发展仍面临诸多挑战。在技术层面，我们需要解决机器人的环境适应性、自主学习、多模态交互等难题，让它能够更好地理解和服务人类；在伦理层面，我们需要建立机器人行为的道德规范和法律框架，确保其在应用中的安全性和可控性；在社会层面，我们需要谨慎评估具身智能对就业、隐私、人际关系等方面的影响，并采取相应的应对措施。

　　具身智能的未来，需要政产学研各界的通力合作。政府需要制定具有前瞻性的政策法规，营造良好的创新生态；企业需要加大研发投入，探索可持续的商业模式；学术界需要突破关键核心技术，为产业发展提供"源头活水"；社会公众需要以开放、理性的心态拥抱智能革命，共同塑造人机和谐共处的未来。

第 28 章
政策环境与发展战略

> 在战略指引下，迈向智能产业的星辰大海。

当畅想人工智能的美好未来时，你是否想过，这一切的实现离不开什么？是的，那就是完善的政策环境和明智的发展战略。下面，让我们一起探讨具身智能产业的"生态圈"，看看政府、企业、学术界如何共同推动这一新兴产业的发展。

纵观全球，主要经济体都在大力布局具身智能产业，出台了一系列支持政策。

美国作为人工智能的先行者，早在 2011 年就启动了国家机器人计划，旨在维持美国在机器人技术方面的全球领先地位。2019 年，美国政府进一步发布了"美国人工智能倡议"，强调要保持在人工智能领域的领导力，并支持人工智能在各行业的应用。

欧盟更加重视人工智能的伦理治理。2017 年，欧盟议会通过了有关机器人和人工智能的报告，提出制定"机器人法"的设想。2019 年，欧盟委员会发布了《可信赖人工智能伦理准则》，为人工智能系统的开发和使用提供了道德指引。

日本素有"机器人大国"之称。2015 年，日本政府发布了《机器人新战略》，提出要在 2020 年实现"机器人革命"。在此基础上，日本进一步提出了

Society 5.0 的愿景，希望通过人工智能等技术的应用，实现经济发展与社会问题解决的双赢。

我国政府高度重视人工智能的战略地位。2017 年，国务院发布了《新一代人工智能发展规划》，提出了三步走的战略目标，力争在 2030 年成为世界主要人工智能创新中心。同时，我国也出台了《"十四五"机器人产业发展规划》，大力支持机器人技术研发和产业化应用。

任何一项新技术的发展，都离不开完善的标准和规范。对于具身智能而言，我们需要从技术、伦理、法律等多个维度来构建标准体系。

在技术标准方面，我们需要制定机器人与外部系统的接口协议，确保不同厂商的产品能够互联互通；建立机器人性能的评估指标，如精度、速度、稳定性等，以保证产品质量；制定严格的安全规范，防止机器人的误操作或失控。

在伦理规范方面，我们要确保人工智能系统的设计和应用符合人类的价值观和道德准则。一些国际组织，如 IEEE、OECD（Organization for Economic Co-operation and Development，经济合作与发展组织）等，已经发布了人工智能伦理原则，强调人工智能系统应该是可解释的、可控制的、公平的、负责任的。对于机器人，我们还需要特别关注其行为的道德后果，避免其伤害人类或做出不道德的决策。

在法律法规方面，我们需要明确机器人的法律地位和责任归属。当机器人出现故障或造成损害时，究竟是制造商、操作者，还是机器人承担责任？我们还需要制定法律来保护用户隐私和数据安全，规范机器人收集和使用个人信息的行为。

除了他律外，行业的自律也十分重要。一些行业组织，如国际机器人联合会（International Federation of Robotics，IFR），已经制定了行业公约和最佳实践指南，鼓励企业遵循统一的技术标准和伦理原则。一些第三方认证机构，如 TÜV、UL 等，开始为机器人产品提供安全和性能认证，提高行业的准入门槛。

具身智能是一个高度复合的新兴领域，对人才的知识结构和能力素质提出了新的要求。因此，我们亟需加强人才培养和教育供给。

在学科建设方面，高校需要打破传统的学科壁垒，设置机器人工程、人工智能等交叉学科的课程和专业，培养既懂机械、电子、控制，又懂计算机、数学、认知科学的复合型人才。麻省理工学院设立了机器人学、智能与自主系统本科专业就是一个很好的例子。

在产教融合方面，我们要鼓励企业与高校开展深度合作，建立联合实验室、实训基地等，让学生能够接触到前沿的技术和设备，提高动手实践能力。例如，ABB 公司与清华大学合作成立了 ABB 机器人创新中心，为学生提供实习和科研机会。

在继续教育方面，我们要为从业人员提供持续的培训和学习机会，帮助他们及时更新知识，提升技能。对于可能被机器人替代的岗位，我们更要提供转岗再就业的培训，帮助员工实现平稳过渡。例如，德国的工业 4.0 战略就特别强调要加强职业教育，提高劳动者的数字化技能。

在国际合作方面，我们要积极引进海外高端人才，参与国际学术交流，学习并借鉴其他国家的先进经验。同时，我们也要加强与其他国家的联合培养，鼓励学生"走出去"，接受全球化的教育。例如，中国与英国合作设立了中英机器人学院，旨在培养具有全球视野的机器人创新人才。

作为一个创新驱动的产业，具身智能的发展离不开有力的知识产权保护。企业需要通过专利布局、商业秘密保护等手段，维护自己的合法权益。

在专利布局方面，企业要对核心技术进行全方位的专利保护，包括算法模型、硬件结构、应用场景等。要形成完整的专利链，构筑技术壁垒。同时，企业也要关注竞争对手的专利动向，避免侵权风险。

在商业秘密方面，企业要建立严格的保密制度，防止核心技术和数据的泄露。尤其是一些涉及个人隐私的数据，更要严格管控，避免被非法利用。

在版权保护方面，企业要重视软件著作权和内容创作的保护。一方面，要为自己开发的软件算法及时申请著作权；另一方面，也要尊重他人的知识产权，避免侵权。

在国际竞争日趋激烈的背景下，知识产权已经成为企业参与国际竞争的重要筹码。企业要学会运用专利池、交叉许可等手段，与其他企业开展合作，实现知识产权的共享和互惠。对于一些关键技术领域，掌握必要专利也至关重要，这关系到企业能否在国际市场上获得主动权。

具身智能产业的发展，离不开良好的区域生态。地方政府需要制定科学的发展战略，营造有利于产业发展的环境。

在产业集群方面，地方政府要发挥自身优势，打造特色产业园区和创新示范区；要聚焦细分领域，形成产业集聚效应。例如，深圳的南山智园就是一个以机器人和智能装备为特色的产业园区，吸引了大疆、优必选等一批龙头企业入驻。

在应用示范方面，地方政府要积极推动技术在实际场景中的应用和推广。可以选择一些应用条件成熟、带动效应明显的领域，开展试点示范。例如，北京市在餐饮、物流等领域开展了智能配送机器人的应用试点，取得了良好的效果。

在政策支持方面，地方政府要制定一系列的支持政策，包括财政补贴、税收优惠、金融支持、政府采购等，为企业创造良好的发展环境。例如，上海市出台了与人工智能发展相关的扶持政策，对人工智能企业给予最高 5000 万元的资金支持。

在国际合作方面，地方政府要积极参与全球产业分工，引进国外先进技术，开拓国际市场。可以通过建设国际合作园区、举办国际展会等方式，搭建国际交流合作的平台。例如，中国与德国合作共建中德智能制造国际合作示范区，就是一个很好的国际合作范例。

未来，具身智能产业还有很大的发展空间，但也面临诸多挑战。我们需要在把握技术趋势的同时，谨慎应对其带来的社会影响。

在技术路线方面，我们要持续研发具身智能的关键核心技术，如高精度传感器、高性能驱动器、智能控制算法等。同时，我们也要推动具身智能与其他前沿技术的融合创新，如与 5G、大数据、区块链等技术。

在应用场景方面，我们要不断拓展具身智能的应用边界，发掘新的应用领域和场景。一些传统行业，如农业、建筑、物流等，都有望成为具身智能应用的"蓝海"。我们也要关注一些颠覆性的创新可能，如微型机器人、仿生机器人、群体智能等，这些可能会给产业带来革命性的变革。

在产业生态方面，我们要倡导开放、协同、共赢的发展理念。产业链上下游企业要加强合作，共同打造健康的产业生态；要建立开放的创新平台，促进技术、数据、应用的共享和交互；要探索多元化的商业模式，实现产业的可持续发展。

在社会影响方面，我们要高度重视具身智能可能带来的就业冲击和伦理挑战。一方面，我们要加强职业教育和技能培训，帮助劳动者提升技能，适应智能化的浪潮；另一方面，我们要加强人工智能伦理研究，确保具身智能的发展符合人类的价值观和道德底线。我们要把具身智能作为造福人类的工具，而不是威胁人类的对手。

具身智能的发展需要政府、企业、学术界、公众等各方共同参与。让我们携手并进，共同推动这一充满想象力的事业的发展，让智能技术更好地服务人类，造福社会。

结语：

拥抱具身智能的未来

> 身如星辰，智似星光，交相辉映，照亮未来。

通过前面的 20 多章内容，我们一起探索了一个令人激动的领域——具身智能。从理论基础到技术进展，从前沿探索到哲学思考，我们看到了这一领域的无限可能和广阔前景。下面，让我们一起再次展望具身智能的未来，想象它将如何重塑我们的生活和世界。

未来，具身智能将无处不在。我们的家中将有各种智能机器人，它们不仅能够完成家务，还能成为我们的朋友和助手。当你下班回家，家用服务机器人已经准备好了你最爱的晚餐，它知道你的口味和营养需求；当你需要倾诉时，情感陪伴机器人会聆听你的烦恼，给你温暖的安慰和建议。这些机器人不再是冷冰冰的机器，而是我们生活中不可或缺的伙伴。

在城市的街道上，各种服务机器人将随处可见。外卖配送机器人会准时送来你订购的美食，无人驾驶出租车会带你安全到达目的地，城市管理机器人会保持街道的清洁有序。这些机器人不仅提高了城市的运转效率，还让我们的生活更加便捷舒适。

在工厂车间里，协作机器人将与人类工人和谐共处。它将承担危险、繁重的工作，而人类则专注于更有创造性的任务。机器人的加入不会取代人类，而是让人类从单调乏味的工作中解放出来，有更多时间去学习、创新、享受生活。正如未来学家托马斯·弗雷的观点：未来，机器人不是人类的竞争对手，而是人类的超能助手。

在医疗领域，具身智能将带来革命性的变化。纳米机器人将在我们的体内巡航，及时发现和清除病变组织；手术机器人将进行高精度的微创手术，大大降低医疗风险；康复机器人将帮助残疾人重拾自由，让他们重新拥抱生活的美好。

在教育领域，智能辅导系统将为每个学生提供个性化的学习方案，根据他们的兴趣和特点，因材施教。学习将不再是枯燥乏味的任务，而是充满乐趣和成就感的过程。VR 和 AR 技术将把课本上的知识变成生动的体验，让学生身临其境地探索知识的海洋。

当然，具身智能的发展也面临着诸多挑战和风险。如何确保智能系统的安全和可控？如何避免智能系统被滥用或误用？如何处理智能系统可能带来的就业冲击和社会不平等？这些都是我们必须慎重对待的问题。我们需要加强人工智能伦理的研究，制定相应的法律法规，确保具身智能的发展方向符合人类的价值观和利益。

同时，我们也要看到，具身智能的本质是增强而非替代人类。它的目标是让机器更好地理解和服务人类，而不是取代人类。在人机协同的未来，人类将发挥创造力和想象力的优势，而机器则提供强大的计算和执行能力。两者优势互补，携手共进。

亲爱的读者朋友们，具身智能的未来充满了无限的可能和希望。它将重新定义我们与机器的关系，重塑我们的生活和工作方式，开启人类发展的新篇章。这个未来需要我们所有人的参与和努力。科研工作者要勇于创新，攻克技术难关；企业要勇于探索，开拓新的应用场景；政府要勇于引领，营造良好的发展环境；公众要勇于拥抱变化，以开放包容的心态接纳智能技术。

让我们携手并进，共同塑造具身智能的美好未来。在未来，智能不再是冷冰冰的代码，而是"有血有肉"的存在；机器不再是我们的工具，而是我们的伙伴；技术不再是我们的主人，而是我们的助手。在人机和谐共生的未来，我们将见证科技与人文的完美融合，实现人类社会的全面进步。

朋友们，具身智能的时代已经来临。让我们敞开心扉，张开双臂，热情拥抱这个充满无限可能的未来吧！